人间至味是简单

刘建华　编著

吉林文史出版社
JILIN WENSHI CHUBANSHE

图书在版编目（CIP）数据

人间至味是简单 / 刘建华编著. -- 长春：吉林文史出版社, 2019.9

ISBN 978-7-5472-6460-7

Ⅰ.①人… Ⅱ.①刘… Ⅲ.①人生哲学—通俗读物 Ⅳ.①B821-49

中国版本图书馆CIP数据核字(2019)第161381号

人间至味是简单
RENJIAN ZHIWEI SHI JIANDAN

编　　著	刘建华
责任编辑	王丽环
封面设计	韩立强
出版发行	吉林文史出版社有限责任公司
地　　址	长春市净月区福祉大路5788号
网　　址	www.jlws.com.cn
印　　刷	天津海德伟业印务有限公司
版　　次	2019年9月第1版　2019年9月第1次印刷
开　　本	880mm×1230mm　1/32
字　　数	145千
印　　张	6
书　　号	ISBN 978-7-5472-6460-7
定　　价	32.00元

前　言

　　有人说，生活是最简单的；也有人说，生活是最复杂的。

　　各种说法，莫衷一是。

　　其实，生活是否简单并没有固定的答案。而我们今天也不是要讨论这个，我们要说的是，当你觉得生活很累的时候，不妨过得简单一点儿，爱得纯粹一点儿。

　　为什么要这么说？因为许多人已经逐渐感受到生活的艰难而不知解决办法，他们甚至根本就不知道原因。

　　日本有本著名的畅销书《断舍离》，其实它就是提倡一种简单的生活，让大家舍弃生命中那些让你觉得麻烦、累人的东西。

　　另外困扰当今许多人的问题就是"爱"。

　　我们说的这个"爱"不光只是爱情，它包含友情、爱情、亲情，在这些关系中，我们都是可以收获爱并给出爱的。

　　爱本身就是纯粹的，它是我们因为某种关系而缔结的一种状态。我们喜欢朋友，是因为我们跟他们相处很开心，我们喜欢另一半，是因为两个人之间有火花，有深沉的爱意，我们愿意爱家人，是因为有着血浓于水的血缘和长时间的陪伴。

　　但纯粹的感情已经被某些环境打破了，我们变得再也纯粹不起来了。

　　这本书的主要内容就是告诉大家，其实，你可以过得很简单，你的爱也可以很纯粹。至于怎么去做，书中都一一给出了答案。

　　当然，每个人的生活都是由自己决定的，我们只希望大家在看完这本书后，能受到一点启发，或者说一些触动，并由衷地祝福您因此而发生让自己满意的改变。

目　录

第六章 感情需要经营，会爱的人有人爱

第七章 学会去爱你身边的每一个朋友

第一章

做最真实的自己，过最简单的生活

我们活得很累，根源就在于我们没有活出自己。有的人向优秀的人看齐，学他们做人做事的风格，却忘了，我们每个人都有自己的特点，这个世界上从来没有两片相同的叶子，当你去做别人的时候，不过是邯郸学步，东施效颦，而当你学会做自己的时候，你的生活才会变得简单起来。

何必伪装，你就是你自己

这几年，微信、微博这些社交软件改变了人们的生活。现在你会把点开朋友圈当成一种习惯。

从社会心理学的角度来看，向他人展示最美的一面，是人们获得外界赞美、接纳和认同的一种手段。过得幸福是给自己看的，不是给别人看的。而所谓的完美，绝不是幸福与否的衡量标准。

其实，哪有什么完美可言。张爱玲在《天才梦》中写道："生活是一袭华美的袍子，爬满了虱子。"每一个"虱子"不正是你自己独特的人生经历给予生活的华美装饰吗？不完美本身，也是一种美丽。坦然地面对并接受自己，才不会被生活打败。

哲学家叔本华说："一种适当的认命，是人生旅程中最重要的准备。"认命并不是弱者逃避努力的借口，而是一个充满理性的人看透人生之后，给灵魂的一剂良药。它建立在我们对于自我和生活的正确认识上。把伪装的面具都撕掉，自己是什么样就是什么样！既不去羡慕别人的功成名就，也不贬低自身的独特价值，勇敢接受自己现在的样子。

接受自我，我们才能在物欲横流、规则混乱的现代社会中，找到自己的安身之所；接受自我，我们才能在面对诱惑和失败时，依然坚守自己的精神家园，执着地追求最初的梦想；接受自我，就是要让我们的生活多一分自信，少一分自责；多一分从容，少一分惊慌。社会加在我们身上的东西已经足够复杂和沉重，我们就更应该善待自我。对自己好一点儿，第一步便是接受不完美的真实自己。当我们不再被完美奴役，心境自然会变得简单很多。从此以后，看山是山，看水是水，我们才算真真正正地活过。

抛弃一些欲望后，你会发现生活其实很简单

有一个有趣的街头实验，采访者问路人如果你可以变成任何一个人，你最想变成谁。有人说想变成比尔·盖茨，拥有数不尽的财富。有人说想变成乔布斯，在科技史和人类史上千古留名。甚至有人说，想变成上帝，不论财富、地位、美貌，没有办不到的事。上帝本人是怎么想的呢？下面讲个小故事：

一个人死后，来到了上帝面前。他不停地向上帝哭诉自己在人间遭受的种种不公和苦难。上帝看他实在可怜，就许诺说下一世补偿他。上帝问这个可怜人："下辈子你想要什么样的生活，我会满足你。"

他一听上帝这么说，登时心花怒放："我想要很多很多的钱，成为超级富翁，住豪宅开跑车。"上帝说："可以。"

这人一听更加来劲："除了钱，我还想要智慧，在全世界出名……还要有风流倜傥的外表。妻子漂亮得让人羡慕，还有还有，要一对聪明乖巧的儿女……"

"如果世界上真有这么完美的生活，我还做上帝干什么？"话没说完，上帝便严肃地打断了他："看来，你还是没从上一世的生活发现幸福的真谛。不如再体验一次吧。"最后，这个不知满足，向上帝索求无度的人，再次过上了平凡的生活。

不少人像故事的主人公一样，以为拥有金钱、名誉和华丽的皮囊，就能获得幸福。但现实生活中，拥有这些而不幸福的人比比皆是。太多的人将外在的价值等同于幸福，于是被过多

的欲望所控制。这样的人，最终沦为了房奴、卡奴……忘记了活着的真正意义在于享受生命。

德国作家伯尔，是诺贝尔文学奖的获得者。他的一则短篇小说，为我们讲述了一个引人深思的故事。来自西方发达国家的一个人外出旅游，来到了某个偏僻的小渔村。在渔村漫步的时候，他发现一位年纪轻轻的渔夫，正躺在渔船上晒太阳打瞌睡，好不逍遥。于是他拿起相机就开始拍照。这个时候渔夫被吵醒了。于是他就对那个渔夫说："不应该躺在这里晒太阳，应该出海打鱼去。"渔夫问："那打鱼之后呢？"他说："可以卖鱼赚钱啊，赚了钱买更大的渔船。"渔夫又问："有了更大的渔船之后呢？"他说："打更多的鱼赚更多的钱换更大的渔船。""哦，然后呢？""然后有了足够的钱，你就可以换一艘最先进的现代化的渔船！"渔夫继续问道："然后呢？"他说："然后你就可以躺在这里晒太阳了。"渔夫说："我现在不就正这样做吗？"这位来自发达国家的旅游者终于无言以对。

当代著名作家周国平在一场名为《财富与幸福》的讲座中，这样说道："财富所能带来的快乐是有限的，因为生命本身对物质的需要是有限的。物质匮乏，不能满足生命的基本需要，人会痛苦。一旦基本需要得到满足，免除了物质层面上的痛苦，财富所能带来的快乐就呈递减的趋势，最后就不能带来什么快乐了。"财富只是我们获得幸福的一种手段，不是目的。我们不应该将一辈子迷失在欲望的黑洞里。懂得抛弃不切实际的欲念，让生活变简单，坦然从容地面对外界的潮起潮落，才是获得幸福的正确途径。要做到这些，并不是多难的事情。

首先，我们要正确看待自己和他人的关系。攀比、虚荣，在任何一个社会，都是道德批判的对象。看到其他人买了大房子，换了新车，或者买个新包包，心里都要不平衡一番，甚至不顾自己的实际情况，把信用卡刷爆也要买个同款。当时是痛快了，但事后面对巨额债务，压力大、不幸福，是必然的事情。中国有句俗话，叫作"金窝银窝不如自己的狗窝"，说的就是别人的东西再好，无需羡慕，更不用自卑。在自我能力范围内，享受可以享受的生活，就足够了。

其次，学会给生活做减法。追求更好的生活无可厚非，人类的进步就是由无数个这样的追求推动的。问题是，过分追求，让欲念占据了心灵的每个角落，连生活本身都失去了，又何谈幸福。所谓"断舍离"，表面上是提倡人们把生活中不用的旧物舍弃，对不需要的事物不买不取。更深层次的，是要将不切实际的欲念都断掉、舍弃掉，离开复杂的生活，让一切回归简单。心灵轻松了，幸福自然容易多了。

最后，一定要懂得知足。"知足者常乐""得之我幸，不得我命"，说的都是这个道理。在知足者眼中，当下比将来重要。知足者的人生哲学是一种豁达超然的人生哲学——像这样开心就好，而不是要是那样该多好。知足者最了不起的地方在于，不仅仅可以从容地接受他人比自己更成功，而且能够在不如人时坦然接受并善待自己。抛弃过多欲望，对他人和自己都心怀善意，才能一辈子过得心安。

生活原本可以不用那么快

当今社会，"时间就是金钱"这句口号随处可闻。很多人把这句话当作人生信条。殊不知，富兰克林的这句话是在200多年前提出来的，而他说这句话的对象是一个年轻商人。18世纪的生活节奏和21世纪相比，本就慢得像两个世界。而且，并不是所有人都是商人。

现代社会高速运转，就像飞速前进的列车，每个人都是列车底下的车轮，被时代推动着片刻不停往前飞奔。生活节奏已经如此之快，如果我们继续用断章取义的名人名言给自己加码，只会给身体与心灵造成更深的伤害。因为快节奏的生活意味着，当人们想要换取更多的财富、更大的名誉、更显赫的地位时，付出的代价不只是自己的时间，还有与亲朋好友相处的快乐，享受爱好带来的满足，甚至健康的身体和富足的灵魂。

娟子，是一位优秀的媒体从业者，曾先后担任过多家大型杂志的编辑部主任。跟不少上班族一样，工作几乎占据了娟子生活的大部分时间。丈夫深知娟子对工作的付出："她的工作量基本是一个普通编辑的3倍，一年数次出国访问，国内出差好比坐出租车一样频繁。每天仅有四五个小时的睡眠时间。"

如此快节奏的工作状态，给娟子带来了成功，也在34岁的花样之年给了她癌症的巨大打击。查出患病仅一年之后，美丽的她便不得不和爱她的人永远再见。患病后，娟子在博客中写道："我们的生活太过于匆忙，以至于失去了生活的本来意义。

我们甚至忘记了内心真正的需要，忘记了身体的真实感受。生活像拧紧了的发条，我们恨不得把一分钟掰成十分钟来用，拼命地努力，只知道生活永远是下一刻，我们忘记了童话、忘记了四季更替，忘记了蓝天白云露珠……"

我们总是告诉自己，这个周末加完班以后就不加了，下次的家庭聚会一定参加，明年肯定会抽出时间去学个乐器。生活就在此刻，不在将来！因为谁也不知道，将来会不会来，谁也不敢肯定说，将来会以自己喜欢的方式到来。此刻，唯有此刻，才最值得珍惜！

慢下来，清理掉生活中过多的旁事俗务。慢下来，给灵魂跟上你的时间。当代作家王跃文说："当社会被某种辨识不清的洪流席卷裹胁的时候，当所有人都貌似向前狂奔的时候，我愿意慢下来，停下来，甚至往回走，我选择掉队，看看狂奔的人们丢失了什么，缺少了什么。"在社会的洪流面前，不要害怕掉队，任何财富名誉都不值得我们拿生命和灵魂作交换。调整节奏，让生活变得舒缓起来，就是要学会享受生活，做自己喜欢的事情。慢慢欣赏路边的花，身边的人，你会发现生活比之前美妙得多。

"记得早先少年时/大家诚诚恳恳/说一句是一句/清早上火车站/长街黑暗无行人/卖豆浆的小店冒着热气/从前的日色变得慢/车，马，邮件都慢/一生只够爱一个人/从前的锁也好看/钥匙精美有样子/你锁了人家就懂了。"这是在全球范围内被视为深解中国传统文化的精英和传奇人物的木心，所作的一首诗歌。它是如此沉静、质朴，吟唱着它就像翻看一张张泛黄的旧照片，在时光的滤镜下，让我们身临其境般感受到慢带来的无限意境。

人的内心就像一个房间，正如精力是有限的一样，它的空间也是有限的。如果我们都忙着用尘世喧嚣把这个房间堆满，不给灵魂留出时间和位置，注定会错过无数美妙的时刻。简单一点儿，减少内心的欲望，才能在面对人生的跌宕起伏时处变不惊。慢下来，让生活的节奏舒缓一些，用心体会每个季节的花开花落，才能不辜负这难得的一生。

每一片叶子都有闪光点

　　人生在世，什么是成长？成长，是无法用数字或刻度来衡量的抽象存在。当一个人从人生历练中，懂得越来越多的时候，我们习惯说这个人成长了。从某种程度来说，成长就意味着懂得。有位哲人曾说："人生中，懂得比爱更重要。"因为绝大部分的爱在开始时都是盲目的，就像烟火，灿烂却短暂。但懂得，会让爱走得更远。一如张爱玲所说："因为懂得，所以慈悲。"一个成熟的人，绝不会再少年轻狂般愤世嫉俗，相反，他安静了，学会理解这个世界并温柔以待。而最重要的成长，是他更加懂得了自己，通过发现自身值得欣赏的部分，从而获得内心的安宁。

　　很多人都将对自我的认知建立在他人的评价上面，通过外界的标准来判断自身的优劣。在真实自我与社会标准之间，因为不懂得欣赏自己，任由社会规则左右。

　　玛丽毕业后就在父母的强烈要求下，离开大学所在的城市，回到家乡一座小县城。地方虽小，人际关系却一点儿不简单。工作上，玛丽讲究效率、踏实负责的工作态度与同事格格不入；生活中，父母联合七大姑八大姨的轮番催婚轰炸，让玛丽怒火中烧却只能笑脸相迎。

　　大学室友的婚礼，使得玛丽终于有正当理由从现实中抽离。在与闺蜜的彻夜畅谈中，她终于放下伪装，开始正视自己的问题。闺蜜说她变了好多，变得沉默了，也不爱笑了。玛丽的眼角瞬间湿润，开始思考这段时间的生活。

毕业后，玛丽本来想留在大城市打拼。她喜欢广告业，希望有机会让自己的创意成为现实。但是父母认为，玛丽能力不够，在藏龙卧虎的大城市没有前途，回到县城，安安稳稳多好。玛丽不想那么快嫁人，一是还想给自己保留一点出去闯荡的希望；二是没有遇到价值观一致，能聊得来的对象。但是父母和亲戚认为，一个女孩子结婚了才算安定，什么价值观不价值观的，都不重要，有房有车最重要。

在那样的环境下，玛丽一次次妥协。其他人都满意了，可是玛丽自己呢？她感到迷失和痛苦。

闺蜜听完诉苦，问她："那你以后打算怎么办？"

玛丽再次陷入了沉思。这是她第一次这么平静的回顾往日经历，也给了她第一次深入剖析自己的机会。玛丽说："我好像迷失了很久，现在我终于懂得了自己。我本来的价值观并没有错，我想要做喜欢的事更加没错！我并不像爸妈以为的那样。我有冲劲，有能力，我相信梦想一定能够实现。我要做回自己。"坚定、美丽的笑容终于从玛丽脸上绽放开来。

生活中，有多少人跟故事的主人公一样，被牵着鼻子走，却很少有人像她一样勇敢，试着正确看待自己，努力去懂得内心并坚持自我。有句话说"女人何苦为难女人"，其实更应该说"自己何苦为难自己"。外界给我们的压力已经够多，当人情世故让我们无法完全诚实地面对他人时，至少请让自己坦诚地面对自己。去理解生活的每场经历，去懂得自己的每个表情，然后发现自己值得被欣赏的部分，才能过上想要的生活。

劳拉·斯通，如今已是享誉世界的超模之一。爱马仕、普拉达、路易威登……一系列世界顶级奢侈品的 T 台上，人们都能看到她的身影。她将美丽演绎到极致，被誉为 T 台上的碧姬芭铎。但最令人印象深刻的，是她笑起来时门牙之间不可忽视的缝隙。

作为劳拉独特标签的牙缝，一度成为她人生的巨大困扰。有人说，她要想红就必须把牙缝除掉，整齐的门牙才好看。当时的劳拉信以为真，在他人的巨大压力下开始隐藏自己，她不敢笑，用沉默伪装，甚至萌生了放弃模特之梦的念头。

后来，设计师里卡多·堤西偶然进入劳拉的生命，终于让她认识到，每个人都是独特的存在，自己的牙缝也应该有被欣赏的理由。终于，劳拉开始大胆展现自我，事业一路风生水起，荣获 2010 年英国时尚大奖年度模特的荣誉，并跻身福布斯全球超模榜排名前十。

就像张国荣歌里唱的那样，"我就是我，颜色不一样的烟火"。在现在这个多元化的社会，最不应该的就是用同一块尺子去衡量自己，甚至都不应该有尺子的存在。正确认识自己，不只要接纳自己的不完美，更要发现自己美好的地方，欣赏上帝赋予我们每个人的独特之处。越是成长，我们就会越是懂得，其实我们每个人都是应该被欣赏的对象。既是如此，何不从现在开始，减少外界影响，欣赏自己，做好自己就已足够。

对自己少点苛刻，你会更加轻松

有不少善良的人，都非常愿意原谅别人的过错，在面对自己的不完美时，却常常严苛到不肯做半点让步。对自己过分严格，往往带来严重的后果。

陈安妮是一位优秀的芭蕾舞演员，从孩提时代便开始接受严格的舞蹈训练。安妮本人对于芭蕾，怀有极大的梦想，总渴望有一天能成为《天鹅湖》的首席演员，站上世界级舞台。

芭蕾舞是一项残酷的艺术，"台上三分钟，台下十年功"。它无时无刻不在考验着一个人身体与精神承受的极限。对要求完美的安妮来说，这样的考验尤其残酷。

为了保持身材，安妮每天都严格控制饮食，一颗橙子、一瓶酸奶，成为她全天的力量来源。不论是同事聚餐，还是家庭聚会，甚至连自己的生日，她都不允许自己多摄入半点热量。实在推脱不过，吃进去以后，安妮总会偷偷到厕所给自己催吐。在她看来，多吃一点都会引发严重的罪恶感。

而在日常训练中，更是很难看到比安妮更刻苦的人。她规定自己除了舞团的集体训练以外，每天还必须额外练习3个小时，一定要将天鹅的神态表现得活灵活现。恨不得化身为天鹅，连扇动翅膀时每一根羽毛的震动都力求表现出来。为此，即便是指头的指甲都裂了，渗出鲜血，安妮都要求自己必须完成规定的时间。

终于，安妮等到了自己的机会。之前出演白天鹅的首席舞者因为怀孕不得不暂时离开。舞团在所有成员中，通过比赛公开选拔新的主角。安妮激动坏了，每天的训练变得更加苛刻。她时刻提醒自己，一定要抓住这个机会，错过了就再也没有，不能失败不能失败。在比赛的前一天，安妮却严重弄伤自己。为了她的健康着想，舞团在安妮母亲的要求下，决定暂时让她休假。这也就意味着，安妮失去了担任此次《天鹅湖》新一任主角的机会。听到这个消息，安妮在母亲的怀里嚎啕大哭，精神随即崩溃。

其实，安妮除了需要看常规医生，医治身体的伤痛，还迫切需要一位心理医生，治疗心理的疾病。如果有人能早点告诉她，没有人是完美的，告诉她要学着放过自己，对自己好一点，当日的悲剧就不会发生。类似的例子太多太多，高考前的学子，初入职场的新人，面对挑战的上班族……我们总是太害怕失败，对自己身上的缺点深恶痛绝。俗话说"人生不如意事十之八九"，就算是英国女王也有让她头疼的难题，我们又何必如此苛责自己？放过自己，才能获得真正的解脱。要做到这一点，其实并不难，按照下面介绍的方法循序渐进，就能一步一步达至心灵佳境。

1. 正确认识自己

要知道金无足赤人无完人，世上没有完美的存在。一个人既不应该骄傲自负、目中无人，也不应该贬低自己一无是处。每个人都有值得被欣赏的地方，在自己眼中的缺点，在他人眼中也许就是让你变得更可爱更鲜活的特点。接受自己的不完美，告诉自己没有什么大不了，平静对待每次挫折和失败，是走向解脱的第一步。

2. 学会健忘

人真是一种奇怪的动物。我们的一生会经历很多各种各样的时刻，有的让人困窘，有的让人骄傲，有的让人痛苦，有的让人幸福，但大部分人偏偏更容易记住那些不好的时刻，如同等公车的时候，我们总是觉得自己等什么车什么车不来，却不记得恰好赶上公车的轻松时刻。学会健忘，就是要放下那些给人陡增烦恼的旧事。开心是一天，不开心也是一天，那就忘记烦恼，放下过去，开心地过吧。

3. 不勉强自己

不勉强自己，意味着既不能总是强迫自己做不喜欢的事，也不能强迫自己做能力范围以外的事。俗话说，兴趣是最好的老师。努力并不是坏事，但如果对一件事始终没法提起兴趣，即便努力也总是伴随着巨大的委屈，那效果往往事倍功半，不如将这份努力放到喜欢的事情上，也许还能获得喜悦和成功的双重奖励。而且每个人都会有不擅长的事情，不是长了双腿就可以跑得像刘翔一样快，会写字就能像莫言那样拿诺贝尔文学奖。认识到自己的极限，努力做好就可以了。要知道弹簧蹦得太紧，是有可能回不去的。

4. 适时给自己嘉奖

生活不要总是那么严肃，要学会适当给自己奖励。在压力中学会自我放松，给平凡的生活增加点小乐趣。健身的人，在坚持一个月有效锻炼后，吃点甜品不会反弹。努力工作的人，周末关掉手机睡个懒觉，依然是公司的模范员工。勤劳贤惠的好妻子，偶尔买个喜欢的包包，家庭财政不会破产。适时地奖励一下，让自己幸福起来，才是我们寻求解脱的目的。

自信的人会更有存在感

但丁说："能够使我飘浮于人生的泥沼中而不致诬陷的，是我的信心。"这句话虽然简短，却说明了一个深刻的道理——自信，是使一个人在面对名利诱惑、潮起潮落时，忠于自我，安身立命的根本。

没有自信的人，往往认为自己技不如人甚至低人一等。于是，工作的时候习惯低着头，有好的意见也不敢发表，导致失去了展现才华的机会；朋友聚会的时候，只知道羡慕别人的侃侃而谈，自己却总是沉默。久而久之，缺乏自信的人就会越来越轻视自己，变得面目模糊，渐渐成为圈子里的隐形人，被大家所忽视。

法国小说家、哲学教授妙莉叶·芭贝里写过一本小说，名叫《刺猬的优雅》。主人公是一名叫作荷妮的门房。荷妮人到中年，身材臃肿，总是穿着过时的衣服。23年来，她默默地在一栋只有5户人家的高档住宅里打扫卫生，收发邮件。虽然出入大楼必然会经常遇到荷妮，却没有人关注这个看起来和她的穿着一样过时的妇人。

一个偶然的机会，大楼里11岁的富家小姐芭洛玛闯进了荷妮住的小房间。她发现原来荷妮拥有丰富的藏书，相比虽然有钱精神世界却极其贫瘠的富人们，荷妮饱读诗书，有着优雅的品位和精彩的内心世界。

但荷妮的内心非常不自信，也许是因为阶层不同，也许是认为门房的工作低贱。多年来，每天工作一结束，荷妮就回到自己的小房间里，始终避免和他人有过多接触。而大楼里的住户们，也习惯忽略掉这个每天为他们服务的善良之人。

直到一位名叫小津格郎的日本男子出现，荷妮的生命才开始再次灵动起来。他发现了荷妮的与众不同，并通过各种方式帮助荷妮建立自信。终于有一天，当荷妮鼓起信心，换了发型和衣服，重新出现在人们面前时，那些经常照面的住户竟然没有认出她。面对此情此景，小津格郎说了一句特别耐人寻味的话："不是她们没有认出你，是她们从来没有好好看过你。"

这一刻，荷妮才发现原来自己并不是一无是处，甚至还拥有一些部分人所没有的优点。23 年来，连荷妮自己都习惯了轻视自己，过着隐形人的生活。这 23 年仿佛都没有真实存在过。明白了这一点，荷妮终于找回自信，脸上绽放出从未有过的笑容。

如果自己都轻视自己，还有谁会重视你？就连生活本身，都会因为你的自卑黯淡无光。唯有自信，我们才能发现自身的美好，从而进一步挖掘生活的幸福。而且，我们很多人远比想象中强大。相信自己的能力，并为此努力，就能真切感受到生命的脉动，甚至获得成功。卡耐基就说过："我们都有一些自己并不晓得的能力，能做到连自己做梦都想不到会做的事。"

1960 年，哈佛大学的罗森塔尔博士进行了一个世界闻名的实验。新学期开始，加州某所学校的校长对两位老师说："根据过去三四年来的教学表现，你们是本校最好的教师。为了奖励你们，今年学校特地挑选了一些最聪明的学生给你们教。"听到校长的这番话，两位老师十分高兴。最后，校长还特别嘱咐他俩："记住，虽然这些学生的智商比同龄的孩子都要高，但是你们要像平常一样教他们，不要让孩子或家长知道他们是被特意挑选出来的。"

一年之后，这两位老师所教的学生成为了全校最优秀的学生，成绩高出其他班学生好几倍。这时，校长再次找两位老师谈话，告诉他们事情的真相：这是一场实验。他们两个并不是全校最优秀的教师，只是在所有教师中随机抽出来的受试者而已。而他们教的那些所谓最聪明的学生，也和其他人一样，智商并没有什么不同。

心理学上著名的"罗森塔尔效应"，即"期望效应"，就是来自于这个实验。它清楚而有力地向世人证明了一个道理：人们总是倾向于轻视自己的能力，忘记自己其实可以很强大。如果收到积极的心理暗示，并由此建立起强大自信，人的潜能将会得到极大释放，创造出截然不同的成绩。

自信心就是具有这种神奇的魔力。它的影响力如此巨大，以至于失去它，我们会渐渐迷失自己，最终无法真正享受生活；而正确拥有它，我们的人生就可能完全不同。当一个人的自信足够强大时，面对外界，他才可以做到"不以物喜，不以己悲"。因为自信的人不会羡慕别人的香车豪宅，抱怨命运不公，而是坚信自己的能力足以创造幸福。

但是切记，自信不等于自负，正确的建立它非常必要。自信首先应该建立在对于自我的恰当评估上。骄兵必败，过犹不及的道理，我们要时刻提醒自己。其次，自信不应该只是一种简单的心理状态，我们必须好好利用它，在相信自己的同时更要付出相应努力，让压抑的潜力得到激发。最后，结果成败并不重要，重要的是，自信让我们内心安宁，得以真实体会并尽情享受生命中每一场经历带来的乐趣。这是自信对于我们的最美意义。

当你需要什么的时候，你就为它去行动

生存与生活的最大区别是什么？不是财富，也不是名誉，而是一个人是否拥有梦想并为实现它而努力。

当今社会，不少人只是把梦想挂在嘴边，在幻想中获得虚假的满足。这种情形，就像某些上班族，有工作却只是把它当作赚钱的手段。

我们经常会看到这些人的朋友圈状态，是"上班的心情跟上坟一样""离下班还有八个小时"之类的抱怨。待在办公室的 8 个小时对他而言就是煎熬，自然而然每天都过得浑浑噩噩。但努力实现梦想的人则完全不同。那些令人怦然心动的梦想如同晨起的一杯黑咖啡，让他每天充满活力，即便工作烦闷，照样能从行动中找到乐趣。所以，要想真切体会生活的精彩，不只是拥有梦想那么简单，还要付出各种努力来实现它，就像我们总是说的那样，心动不如行动。

哈佛大学曾做过一个非常有名的实验，对一群智商、家境、学历等条件都类似的年轻人进行跟踪调查，以研究行动对于人生的影响力。

在这场调查最初，研究人员对每个人是否拥有梦想进行了统计。结果显示大部分人都拥有自己的梦想，虽然梦想的内容和存在的时期不尽相同。其中，3% 的年轻人拥有明确的梦想，并将之视为一生的追求；10% 的人梦想清晰，但只针对某个特定时期；60% 的人梦想模糊；还有 27% 的人直接说，没有

梦想。

　　长达 25 年的跟踪调查结束后，哈佛大学向世界公布了调查结果，出人意料又在情理之中。在社会各个领域成为领军人物的，是那些 3% 的人。多年来他们的梦想从未动摇，付出的努力也从未停止。10% 的那些人虽然不同于 3%，但依然为了实现梦想努力过。这些人没有取得耀眼的成就，好在还是成功跻身于社会的中上层。60% 的人成为了碌碌无为的平庸之辈。最可悲的是没梦想不努力的 27%，他们跌落至社会的最底层，失业、领政府救济成为家常便饭。

　　一个人能够过上什么样的生活，不靠出生时的起点决定。对天文学做出巨大贡献的哥白尼，父亲只是一位面包师；作品被奉为世界经典的戏剧大师莎士比亚，是屠夫的儿子；美国第 17 任总统安德鲁·约翰逊，出生在裁缝家庭。太多的现实故事向我们证明，追逐梦想的力量如此强大，足够将命运的牢笼打破。那么，我们又该如何激励自己行动起来？

　　TEDx（发源于环球会议，邀请科学、文学、音乐等各领域杰出人物，旨在向世界传播"值得传播的创意"）某期节目邀请作家西蒙·斯涅克，做了一场名为《伟大的领袖如何激烈行动》的演讲。演讲中，西蒙通过深入研究苹果公司、马丁·路德·金、怀特兄弟等杰出的领导和组织，总结出著名的"黄金圈法则"。

　　为什么乔布斯能够领导苹果公司始终走在科技创新的风口浪尖？为什么马丁·路德·金能激励成千上万人追随他，展开一场改变国家的革命？关键就在于"黄金圈法则"。这些伟人思考、沟通、工作的行为模式在本质上惊人的一致。

　　首先，他们非常清楚自己要"做什么"，也就是我们所说的梦想清晰。可以说，这样的人大多"简单"，简单到认定了梦想就绝不会因为外界的诱惑或者阻挠而偏离轨迹。

其次，要知道自己应该"怎么做"。实现梦想的过程如同探险，前进之路崎岖不平，懂得怎么做，才有可能将路上的困难一个个摆平。

最后，想清楚"为什么"。走这条路而不是那条，采取这种方式而不是其他，都应该是经过深思熟虑的结果。比如，究竟要不要赚钱？要！没有钱如何保证生活，又何谈实现梦想？但是，赚钱只是手段，不是目的，不能因为它违背道德和法律，忘记初心。所以，你的动因是什么？你的行为准则是什么？你的短期目标又是什么？想清楚了，梦想就会和你离得更近。

另外，我们不但要看到伟人成功的一面，而且要看到成功之前，他们经历的无数次失败。归根结底，追逐梦想也不过是我们让人生更真实、更幸福的一种手段。不能为了梦想变得战战兢兢，害怕失败，与生命最初的简单相悖。

总之，过程比结果重要。不论成功与否，将梦想付诸现实的经历，才最值得珍惜。父母无条件地支持，让你感受到爱的无私。关键时刻伸出援助之手的朋友，是此生没有白活一场的证据。甚至不嘲笑、不轻视你的努力和梦想的陌生人，都可说是善良的天使。最值得赞美的，还有勇敢采取行动的自己。拥有一个简单的梦想，简简单单地追求梦想，就是一种幸福。

自省能让你活的更简单

苏格拉底在两千多年前说过一句如今听来依旧振聋发聩的话："未经自省的生命不值得存在。"乍一听有点言过其实，但也许苏格拉底就是故意这么做，用夸张的手法警惕世人自省的重要性。

诚然，世上没有完美的存在，再明智的人都会犯错。错已铸成，生气悔恨都没有用。责怪他人则更是小肚鸡肠之人，推卸责任的懦弱行为。问题在于，总是将目光放在他人身上，是大部分人的通病。其实这种时候，最重要的是反省自身。能够客观冷静地回顾自己做过的事，说明内心真的已经放下，解脱也就不远了。而且，生活是自己的，没有人能代替你成功，只有通过反省，才能找到更好的方式应对以后的人生。

李林总是喜欢说自己是一个眼里容不下一粒沙子的人。喜欢挑刺，嘴巴毒辣，是身边的人对他的一致评价。大学时候，室友中有一个人体重略微超标。李林就整天讥讽别人，什么"再吃下去就真变成猪啦""这么肥肯定找不到女朋友"之类的话张口就来，还美其名曰是为了刺激他减肥。连同宿舍的其他人都有些看不下去，久而久之，和李林渐渐疏远。

工作以后，他依旧没有意识到自己的问题。开会时总嫌别人来得晚，殊不知他是倒数第二个走进会议室的人。团队一起做项目，经常当着所有人的面抱怨某个同事效率低，但其实是他工作交接得太迟。和对手公司竞争失败，他就一直责骂制作方案的同事，说别人脑子又笨审美水平又低，制作的 PPT 让甲方一看就想吐。事实是，现今这个模板就是他不断挑刺的产物。

慢慢地，同事都不喜欢和李林一起做事，私底下的同事聚餐也再也不邀他参加。李林自己也越来越郁闷，想不清楚问题究竟出在哪里。

像李林一样的人，时刻将目光向外盯在别人身上，不懂得向内反省，当然只会看到别人的过错，觉得所有人都对不起自己，整个世界都面目可憎。反省，是做出正确选择的第一步，是实现梦想的内在之源。

成功的经验会增加我们的智慧，而错误的经验则会增加成功的机会。将它们转变成财富的关键在于，我们是否懂得自省。

自省意味着，我们要试着客观地剖析自己，屏蔽掉外界和他人的干扰，将复杂的问题简单化，从而发现木桶里最短的那块木板，有的放矢地提升自我。它能够帮助我们战胜怨天尤人的消极情绪，找到通往安宁的最近那条路。不妨从今天开始，每天自省一小时，用全新的眼光看待世界和自己，你会发现，成功和幸福比以往来得更容易。

有时候，你也该奖励自己一下

　　法国电影《这个杀手不太冷》是世界电影史上，不可忽视的优秀影片。片中讲述了一位 12 岁的小女孩目睹全家被害后，向冷酷的杀手求救，两人同时获得救赎的故事。影片有一段台词，引起无数人共鸣。小女孩被爸爸家暴之后，问杀手："人生总是那么痛苦吗？还是只有小时候是这样？"杀手面无表情地回答她："总是。"之所以有很多人将这段对话奉为经典，除了两位演员出神入化的演技之外，还有台词本身展现出的魅力——人生啊，不就是这样由99%的痛苦和1%的幸福组成吗？幸与不幸的差别在于，不幸福的人总是沉浸在痛苦里，自己都不愿意出来；而幸福的人时刻懂得奖赏自己，弥补那些不快，将1%无限扩大。

　　薇薇一直是同事眼中的好伙伴，老公眼中的好妻子。工作中，来了新人，领导都愿意交给薇薇去带，因为她从来不会因为新人不熟练而发脾气，只会默默弥补别人犯下的错误。老同事也喜欢和她交往。比如下班时间看到老同事还在加班，就算自己也挺累的，她还是会主动提出帮忙。回到家，虽然同样上了一天班，她也什么家务都不让老公做。出门逛街，很少给自己买东西，不是给老公买衣服鞋子，就是给公公婆婆买营养品。闺蜜说她，干吗不对自己好一点。薇薇总是笑笑说，因为其他人都对她挺好的呀。

　　后来有一天，新人又犯了一个错误。也许是老板那天心情特别不好，不只狠狠批评了新人，还当着所有同事的面批评了薇薇。薇薇觉得特别委屈，忍不住小声抽泣起来。平时受她帮助最多的几个同事，这个时候都忙着自己的工作，连纸巾都没有给薇薇递一张。此刻，天知道薇薇多想能有人来安慰下自己，又或者跟老板请半天假，去购物也好去大吃一顿也好。但是，习惯忽视自己的薇薇忍了下来，继续工作直到下班。回到家，她终于忍不住向老公哭诉，为什么自己平时付出那么多，需要的时候，却没有一个人支持她。老公边给她擦眼泪，边温柔地说："谁说别人就有义务来支持你呢？宁愿委屈自己也要对别人好，是你愿意的啊。每个人都有自己的痛苦要承受，咱们不能勉强别人分担你的痛苦，是不是？"薇薇肿着眼睛问："那我应该怎么办啊？""学会自己爱自己呀。不舒服了就请假回家，累了不想做饭就出去吃大餐，喜欢什么东西你就买，就当是给自己的奖赏。不然，幸福感从哪里来？"薇薇听完，一擦鼻子，笑着说："好，明天我就请假，咱们去旅游！"一种从未有过的释怀和幸福，从薇薇的脸上荡漾开来。

幸福很难吗？如果把幸福等同于当上世界首富，那是挺难的。但如果简单一点，没那么大的欲望，日常生活中的小确幸就足够让人满足。时刻懂得奖赏自己，就是一种自己制造小确幸的方式。现代社会，很多人都承受着来自各个方面的巨大压力，奖赏自己，自然也有着各种各样的方式。

1. 食物是属于治愈系的

三毛说过："试试看每天吃一颗糖，然后对自己说，今天的日子果然又是甜的"。吃点甜品，就算有再大的苦也不怕了。来点辣的，把所有委屈不甘像淋漓的大汗一样排出去。喝点小酒，微醺的状态最适合吐露心声。把胃填满，就是要不给痛苦留空间。

2. 好睡眠值千金

科学研究表明，缺乏睡眠，不仅会降低人的免疫力，还会加速衰老、导致健忘，诱发肥胖、抑郁症等多种健康问题。而快节奏的生活，剥夺了我们大部分睡眠时间。要想获得一个好身体好心态，优质的睡眠必不可少。偶尔关掉手机，一觉睡到大中午的感觉，简直赛过活神仙。就用一夜好眠，让烦恼抛到九霄云外去吧。

3. 适当买，真开心

对美好事物的喜爱，源自人类天性。一条好看的裙子，一本精彩绝伦的小说，一场扣人心弦的电影……物质的享受，确实能提升我们的幸福感。既然如此，只要在经济承受范围以内，花自己的钱给自己买点好东西，有什么不可以？

4. 生活不止眼前的苟且，还有诗和远方

"读万卷书，不如行万里路"，说的是旅游可以增长我们的见闻。它还有一个不那么功利的好处，就是让我们从现实生活中暂时抽离出来，获得心灵的解脱。穿过人山人海，去看看山和大海，就会发现天地之大，自己的烦恼是那么渺小。

5. 勇敢做自己

一个成熟的人，是懂得如何独处的人。我们最大的幸福，往往不是来自于外部，而是源于内心。因此，一定要找个机会，忘掉烦人的工作，避开喧闹的尘世，遁入内心深处，倾听灵魂的声音。不用再掩饰自己的好恶，压抑自己的爱好，终于能够自由自在地做自己了。还有什么是比这更好的奖赏？

第二章

工作远没有你想象的那么复杂

　　工作是人一生中最漫长的一项任务。从步入社会的那一刻起，直到我们两鬓斑白，我们才有这个资格真正地闲下来。而工作也是让许多人活得很累的原因。其实，你要知道，如果你的工作让你感觉到心累，那就不是适合你的事情。真正简单的生活应当是开心工作、快乐生活。

工作的心情只与你有关

"累得像狗一样"是现在的上班族们经常说的一句话，他们总是抱怨自己工作辛苦。朋友圈那么多想出去旅游的状态签名，为什么？无外乎工作太不开心，想找个暂时的桃花源逃避一下而已。在很多人眼中，上班的日子除了发工资那天，其余都是痛苦的。但是曾几何时，回想我们刚刚步入职场的时候，怀揣着梦想，对未来充满憧憬，那时的每一天都感到充实而快乐。可是现在，上班却变成了例行公事，本该干劲十足打拼的时刻变成了浑浑噩噩混日子的敷衍。工作真的能剥夺一个人快乐的权利吗？

我们每个人活着，都试图在世间找到自己存在的意义。工作，不单单是人们获得财富，保障生活的手段。它更应该是人们发挥价值，充实人生的有趣方式。但是现在很多的年轻人，把快乐当成逃避努力的借口，想要的东西太多，而能力又暂时不够。于是只要工作中遇到一点不顺心的事情就忍受不了，说不干就不干。

费雪工作不到三年，已经换了八份工作。最长的不过半年，最短的还不到一个星期。爸妈看着她这样频繁跳槽，很是担心，于是请开公司的亲戚帮忙，让费雪在亲戚公司里担任文员。

因为是老板亲戚，平日里同事们对费雪都是客客气气的。费雪的工作也很清闲，有时上班来得比老板还晚。最初的几个月，她觉得特别快乐，终于找到一份满意的工作了：活儿少，钱多，离家近。周末还能约小学同学打打麻将，真是不亦乐乎。爸妈看在眼里也慢慢放下心来。

哪知几个月后，费雪就开始抱怨。上班越来越磨蹭，下班回来也经常板着脸。妈妈问她为什么。费雪说："这工作太枯燥啦，一点挑战性都没有。每天上班都跟昨天一样，就等着混日子拿工资，能开心吗？"妈妈心想，工作的事情自己也不懂，就找个机会委婉地跟亲戚聊了下这件事情。

这天上班，亲戚把费雪单独叫到办公室："雪儿呀，你在这上班也已经小半年了。觉得怎么样啊？"费雪没料到亲戚会这么问，瞪大了眼睛，一时不知该如何回答。"我知道你觉得不太开心。小李和你一起进的公司，你们俩干的事情差不多，他的工资还比你低。但是你看他，每天干劲十足，见谁脸上都带着笑。你知道为什么吗？"费雪摇摇头。亲戚接着说："小李这个人，年纪不大，但心态很成熟。不论喜不喜欢这份工作，他都把它当成一个学习的机会，而且懂得管理自己的情绪，从工作中发现乐趣。你不快乐，问题不在工作本身，而在你自己。"亲戚的一席话将费雪惊醒，她终于开始反省，从自身寻找不快乐的原因。

说到底，工作和生活密不可分。正如俄国作家高尔基所言："工作是一种乐趣时，生活是一种享受；工作是一种义务时，生活则是一种苦役。"我们是愿意像费雪那样，喜怒哀乐被工作控制，还是像小李那样做自己情绪的主人？答案不言而喻。工作的时候，我们只要做到以下三点，就能真正享受到它所带来的乐趣。

1. 做你所爱，爱你所做

在选择职业的时候，一定要结合自己的爱好，它们会为工作注入无限活力。如果没那么幸运，爱好、工作只能选择其一，那就学会妥协，先解决生活的问题。同时要努力在工作的过程中发现乐趣，也许是志同道合的同事，也许是打开新世界大门的项目，甚至是养在办公室的一只宠物。先爱上那个环境，再投入你的工作，最后享受其中的乐趣。

2. 将目光放长远，再长远一点

要知道，人不是为工作而生的。除了眼前的工作，我们还有远方的梦想。想到好好工作，就有实现梦想的基础，认真工作一天，梦想就离自己越近，不知不觉快乐也就多了起来。

3. 简简单单，拿得起就放得下

工作中，如果真的遇到特别气愤、难过的事情，那就学着像个简简单单的孩子一样。上一分钟还在为某件事情大哭的孩子，下一分钟又开开心心该干嘛干嘛去了。人生就是需要这种简单的态度，过去的事情就让它过去，拿得起放得下，才是真正的人生赢家。

慢一点又有何妨

仔细想想，现代社会的生活节奏真的很快：吃快餐、坐快轨、拍快照、用快递，上辅导班也要上速成的，喝咖啡要喝速溶的，感冒都吃速效的，就连广告词都是"生活在网络时代，什么都要快"。

过去写信，收回信少说也得十天半月，大家一点都不急，而现在别人发一条短信给你，你两分钟没有回，对方就会着急。古代人从一个地方去另一个地方，一走就是几个月，半年甚至于几年。现在有飞机了，飞机晚点半个小时，公车迟到三分钟，乘客都觉得是漫长等待。

生活中，人们或多或少都有过这样类似的经历：赶上课，赶作业，赶相聚，赶离开；每次与情人约会都赶场似的赶时间，最终却无法相守；每次与挚友的相聚都过于急促，以致吃完饭就互道一声珍重；每次赶着做这做那却无法跟妈妈完完整整地谈一次话；每次的匆匆都让我们来不及享受就戛然而止了。

赶时间，真的算是一个好借口。为了赶时间而赶时间，人们每天奔走在城市中，一边开车，一边抱怨城市交通令人窒息的堵塞。所有人都疯狂地在人群中穿梭，想立刻奔向终点，赶着去上班、上学、考试、面试、出庭、出镜、谈判……人们紧赶慢赶，即便便捷的交通工具和通信网络不断帮人类缩短时空的距离，大家却越来越没有时间。当赶时间变成了一种生活状态，人们遗失在时间的荒漠中，再也找不到内心的庭院。科技越来越发达，工具越来越先进，一切越来越便利，而时间却越来越紧，究竟是哪里出了差错，还是谁偷偷拨快了上帝的时钟？

真的有这么忙吗？真的紧得有些事一直无法完成，无法实现吗？当我们赶着完成自己的计划，结果却发现失去了实行的本有意义时，那我们的忙碌还有价值可言吗？譬如一个人弹吉他，是为了在别人面前显摆吗？学习心理学是为了看穿别人的弱点吗？拍拖的意义是为了完整自己的人格吗？想拿奖学金是真的想认真学习吗？

在常人眼里，这样一群都市人外表光鲜亮丽，生活充实美满，房产不再标榜拥有多处公寓，而变成了一个个顶级的豪宅；车子也不再仅仅是代步的工具，国际名车尽收囊中。然而，受他们青睐的将不再是高速汽车、金表、成箱的香槟和香水等大街上随处可见的东西，而是宁静的时光、足够的水。

其实，他们的背后隐藏着诸多不为人知的无奈和辛酸，有时候，他们也不得不向现实低头；有时为了生存，甚至不得不付出高昂的代价和精神上的煎熬。有人曾经感慨，通向成功的其实是一条很窄很窄的路，像登山一样，越在下面越拥挤，越到山顶人越少，因为有很少的人能够真正到达山顶……

风光的背后必然是无数人无法做到对自己的苛刻，犀利背后必然是无数次的打击与磨炼。就像一个舞者，不管舞姿有多婀娜，都得在背后刻苦地练习基本功；一个人不管多么出色，每个风光的背后都有难以言说的痛苦与辛酸，要想得到绝代的华贵与娇艳，关键是要把辛酸化成一种勇往直前的动力。

英国广播公司BBC的一则报道表明，时间已经成为了越来越贵的奢侈品，充足的睡眠消费成为了伦敦商界的最新身份标志。有影响的商界人士允许自己夜里早上床睡觉，而关爱自己的人每天要保持 8 小时睡眠。美国商业奇才，亚马逊网的总裁杰夫·贝佐斯就是这种新奢侈的拥戴者，他每天也至少睡 8 小时。

所以，专家们定义未来的奢侈消费将是这么一拨人：他们总有时间做自己想做的事情，能自己决定做什么或者做多少、什么时候做、在什么地方做。

是的，越来越多的人发现，闲适也是一种越来越难满足的基本需要。要想逃避无处不在的喧嚣，他们必须要费钱费力才能够办到。

人们追寻物质奢华的过程，其实转了一个大圈。终有一天，奢迷心窍的人们会发现，那些丢掉的朴素，才是自己最需要的而已是可望不可及的奢侈。

做时间的管理者

　　鲁迅先生曾说："时间，天天得到的都是二十四小时，可是一天的时间给勤勉的人带来聪明和气力，给懒散的人只留下一片悔恨。"时间对每个人都是公平的，既不会给有钱人多一分钟，也不会给穷人减少一秒。幸福与否的区别在于，同等长度的时间，每个人的利用方式大相径庭。有的人能够充分利用时间，恰如其分地管理，让时间就像员工一样每一分每一秒都有其存在的意义。而有的人，却只是浑浑噩噩，甘愿让时间像沙滩上的细沙一样，被海浪随意带走。

　　人的一生其实只有三万多天，比人们以为的短暂很多。如何让这三万多天每天都过得不一样的精彩，而不是只活了一天却麻木地重复三万多次，当务之急就是学会时间管理。历史上那些如明星般闪耀的伟人，无一不是管理时间的大师。这其中，尤以达·芬奇最为出名。

　　列奥纳多·达·芬奇被现代学者称为"文艺复兴时期最完美的代表"。因为《蒙娜丽莎》，我们都知道，他是一位天才画家。但很多人不知道的是，除了绘画，达芬奇还是一位天文学家、建筑工程师、发明家……他通晓数学、天文、生理、物理、地质、军事、考古等多个领域，一生都致力于各种创作，保存下来的手稿多达 6000 多页。他的成就如此辉煌，连爱因斯坦都赞叹不已。爱因斯坦认为，如果在达·芬奇的年代，他的成果就得到发表，人类社会的科技发展将提前 30—50 年的时间。

达·芬奇活了 67 岁，并不比普通人长，但却取得如此之多的惊人成就。秘诀之一，就是他独一无二的时间管理方式，现在人们称之为"达·芬奇睡眠法"。达·芬奇每四个小时睡十五到二十分钟，一天下来总共只睡两个小时左右，剩下的二十二个小时都被他用在各学科的研究上。通过这种方式，他不仅最大化地管理好、利用好了时间，同时保证了自己拥有旺盛的精力。人类文明发展史上，永远都会有属于列奥纳多·达·芬奇的华丽乐章。

这个世界能成为达·芬奇那样的伟人毕竟少数，能够适应达·芬奇睡眠法的人也不多。但他的故事，足以充分证明时间管理的重要和价值。时间管理的原则之一，就是不要机械性照搬别人的方式，而要有针对性地建立起一套属于自己的时间管理体系。俗话说，他山之石可以攻玉，在你摸索出自己的方法之前，不妨试试以下几种管理时间的办法。

1. GTD

GTD 的全称是"Getting Things Done"，意即把事情做完，由美国著名的时间管理大师戴维·艾伦首次提出。每一天尤其是工作中，人们都有很多事情要做。GTD 的主要原则就是，鼓励人们把事情记录下来，为大脑腾出空间。这样就不用做这件事情的同时脑海里还被另外几件事情困扰，从而集中精力、提高效率。GTD 有一个实用性非常高的两分钟原则：通常人们推迟一件事情的时间是两分钟，所以任何事情只要完成的时间少于两分钟，就立刻去做。对于有拖延症的人来说，这个原则真是再适合不过。GTD 还给人们提供了一系列细化的流程，方便人们更好的管理时间：记录好工作事项，从最上面的一项开始，一次只专心处理好一项，定期回顾和检查。智能手机的普及，为人们管理时间提供了极大方便，因为我们拥有了大量符合 GTD 原则的应用软件可以下载，比如 Wunderlist - 奇妙清单、Omnifocus、Remember the Milk 等。当然，就算什么软件都没有，只要有恒心，哪怕借助最原始的纸和笔，我们依然能管理好时间。

2. 番茄工作法

相比 GTD，番茄工作法是一种更加细致的时间管理方式。它以二十五分钟为一个时间单位，创始人将其命名为"番茄钟"。在这二十五分钟即一个番茄钟以内，不允许做任何与计划任务无关的事情，也就是说不能玩游戏、刷微博、聊微信……对于被太多事物诱惑的现代人而言，番茄工作法真是既"残酷"又必要。然而在工作之外，番茄工作法并不合适，比如父亲如果规定自己只能陪孩子玩耍 3 个番茄钟，那真是迂腐至极的表现。它的存在是为了让我们提升工作效率，以便有更多的时间享受生活。如果不能通过它提升我们的幸福感，那我们可以试试最后这种方式。

3. 记事本

顾名思义，就是最普通的笔记本，通过它来计划和总结自己一天的生活。你可以在记事本上列各种各样的清单，比如今天要做的事、任务完成进度表、看过的书和电影、那些有趣的人和故事、我的反思等等。这是一种虽然简单但个性化程度最高的方式。在记事本的选择上，我们也能充分依据个人的喜好。口袋大小能够随身携带的型号，颇受人们欢迎而且效果很好。

总之，时间管理并没有定式，就像每个人的生活都不相同一样。根据我们的实际情况做出规划，用有限的时间享受无限的幸福，就是我们管理时间的目的。

不懂休息，你就没法享受生活

每年三月的第三个星期五（在我国定为 3 月 21 日）被确定为"世界睡眠日"。这是一项由世界睡眠医学学会发起的全球性健康计划。有人也许会觉得大惊小怪，睡觉这么一件普普通通的小事，也值得在世界范围内发起倡议？殊不知，当今社会快节奏的生活和高负荷的精神状态，已经让睡眠问题成为了一场席卷全球的"疾病"。

世界卫生组织曾在全球 14 个国家 15 个地区进行大规模调查，结果发现 27% 的人深受睡眠问题困扰。其中，失眠的发病率之高，已经达到让人触目惊心的程度。在美国失眠率超过 32% 甚至高达 50%，法国为 30%，中国也在 30% 以上！不再需要过多的数据展示，因为我们很多人对于睡眠障碍都有深刻体会。

在清晨的地铁站里，挤满了打着哈欠、努力睁大"熊猫眼"等车的上班族；而在深夜，我们依然能看到这样的上班族在回家的地铁上，抱着公文包蜷在座位上打盹儿。而现实问题比我们看到的还要严重得多，睡眠障碍只是现代人缺乏休息的其中一种表现形式而已。

那些极度缺乏休息的年轻人就是这个时代的缩影，仿佛背负着全世界的压力，可以为了工作不睡觉，不过周末，也不通过任何其他形式的休息来放松自己。在工作面前，休息真的那么微不足道？成功如果必然要用休息来换，那是不是社会精英们都不睡觉，不娱乐，不给大脑和身体休息的时间？

韦恩先生是一家跨国集团的 CEO，处理的生意动则上亿。有一天，一位大客户来拜访韦恩先生。不料他的秘书说："对不起先生，韦恩先生去希腊和家人度假了。而且他特别叮嘱，度假期间不要打扰，任何工作上的事情都不可以。"

"你说什么？"客户简直不敢相信自己的耳朵，"这么大的集团，韦恩先生居然出去度假！"

"是的，先生。"秘书抱歉地说。

客户有些失望，但是仍不死心。他一离开办公室就迫不及待地给韦恩先生打电话："你工作一个小时就能搞定上亿美元的生意，却跑去希腊度假，这一休息得损失多少钱？平时你这么精明，这笔账怎么都不会算了？"

电话那头，韦恩先生哈哈大笑："上亿美金确实是很多很多钱，但是它能买来一个小时吗？它能换来我和家人在一起的快乐时光吗？钱，什么时候都可以挣。但是好的休息、好的心情，却是无价的。"

所以你看，成功并不需要人们拿命去换。还有比赚钱更重要的事情，那是无论多大的成功都无法相比的。

很多人担心自己休息的时候，别人在努力工作，那自己是不是就会落后甚至失败。正是这种不必要的恐慌，让人们终日惶惶，得不到片刻安宁。磨刀不误砍柴工的道理，我们从小听到大。西方也有一句类似的谚语，"只工作不玩耍，聪明的孩子也变傻"。玩耍，即是休息，通过放松身心，给自己喘息、恢复的机会。努力工作是应该的，像工作一样努力休息，更是必需的。劳逸结合，才能事半功倍。

查理在伐木场得到了一份伐木的工作。他决心一定要努力工作，让人们刮目相看。于是，上班第一天，他就带着斧头干劲十足地冲进了人工种植林。整整一天，查理片刻不停地挥舞斧子，最终砍倒19棵大树。老板看了非常满意。

于是第二天，查理干劲更足。可是当他准备举起斧子的时候，发现胳膊痛得抬不起来。但他强忍酸痛，用比昨天更大的力气砍树。尽管这么拼命，第二天他却只砍倒16棵，比第一天还少3棵。查理觉得有些沮丧，暗下决心，明天一定要更加努力才行。

第三天，查理感到浑身上下都酸痛无比。但是眼看其他工人砍的树越来越多，他片刻都不敢让自己休息，就是这样砍的树却比第二天还少。查理难过极了，生怕老板以为自己没有好好工作。

第四天，就在查理艰难挥舞斧子的时候，老板出现了。他把查理叫到一旁坐下休息，对他说："你知道为什么砍的树越来越少吗？""我没有偷懒。"查理赶紧辩解。老板微笑着说："放松点儿，我知道你的努力不输给别人。但为什么效率越来越低？你有没有注意过乔治？他和你同一天来上班，砍的树每次都比你多而且每天都没有减少。"查理观察发现，每砍倒几棵树，乔治就会休息一会儿，哼哼歌、抽抽烟或者在草地上躺一会儿。

乔治是在偷懒吗？如果是，那为什么他的工作业绩比从不休息的查理好很多？其实道理已经很明显了，乔治是在通过适当的休息，为下一次工作积蓄更大的能量。努力工作并不意味着非要像查理这样片刻都不休息，而是应该向乔治学习。适当的休息就像磨刀石，能让一个人的斧子变得更加锋利。

休息的价值，除了能让人们提高工作效率以外，更可贵的是通过它能够获得身心的双重愉悦。休息，既可以是一场优质的睡眠，也可以是一段旅行、看一本好书或者电影……总之，是任何可以让你内心感到舒适的事情。好好休息，像个真正聪明的人那样，就更容易在努力工作和享受生活之间，取得恰当的平衡。

你越忙，工作只会越多

墨子是我国历史上著名的哲学家、军事家，他创立的墨家学说，在先秦时期产生了广泛而深远的影响。于是，众多有志之士争相拜他为师。这天正在上课，一只鸟儿飞到了窗外。婉转的鸟鸣声十分动听，引得弟子们纷纷向外张望。身为弟子之一的耕柱子也被鸟儿吸引，一时间忘记听墨子讲课。

下课后，墨子把耕柱子单独叫到一旁责骂了他。耕柱子很是委屈，对墨子抱怨到："课上那么多人都听鸟鸣去了，我只是和大家一样，为什么偏偏批评我一个人？"墨子并不回答，反而问耕柱子："假设我驾车到太行山上去，拉车的有一匹马和一只羊。你说我应该鞭打马呢，还是鞭打羊？"耕柱子脱口而出："当然是马。"墨子继续问："为什么？"耕柱子说："因为马比羊跑得快，鞭打它更值得。"墨子笑了说："你不正是那匹马吗？"耕柱子幡然醒悟。

墨子与门徒的这个故事，放到现代社会，依然有其普世性和意义。在公司，是不是你越努力工作，领导给你安排的任务越多？你慢慢产生抱怨和疑惑，为什么鞭打快马，事找忙人？为什么自己勤奋努力的结果，不是获得奖赏，而是更辛苦、更繁忙的工作和生活？

著名的帕累托法则又叫作二八定律，生活中存在大量体现这一理论的例子：世界上80%的财富被20%的人占据，80%的工作也由20%的人在完成，20%的人能从正面思考问题，80%

的人从负面做出评价……客观考虑，你是不是属于那工作中努力的20%，思维上负面消极的80%？这个时候，我们最应该做的不是向领导投诉甚至炒老板鱿鱼，而是换个角度思考，自己为什么会成为被鞭打的快马，有没有可能变成最优秀的20%。

李林毕业后，幸运地进入某大型集团的终极面试环节，由老板亲自面试招进公司。同期入职并进入同一个部门的，还有另外两名同事。

最初上班那几个月，因为岗位相同，三个人的工作内容大同小异。李林非常珍惜这次机会，于是做任何工作，同事只做到八九分，他却要求自己做到十二分。久了之后李林发现，当自己把一项任务完成之后，领导迅速又给他安排新的工作。他不敢怠慢马不停蹄地完成之后，立刻又有新的任务到他手上。大部分时候他终于完成工作，站起身来准备下班回家，却发现部门办公室里只剩他最后一个人了。而通常情况下，另外两名同事手里的任务却仍是第一件事情。

李林不禁抱怨，难道是自己做错了什么，领导故意给他小鞋穿。为什么越是工作努力，干的活儿越多？而工作不如他的同事，反而轻松得多。就在李林越来越焦躁不安的时候，领导宣布一个新的项目由他做负责人，另外两名同事变成了他实际上的下属。宣布完之后，领导把他单独叫到办公室，说："这段时间以来，你的努力老板都看到了。你肯定很困惑，为什么越努力安排给你的任务越多。"李林点点头。领导说："刚开始，你和另外两个人起点一样。但是你的格外努力，让老板决定将你作为重点培养的对象。所以，才会不断给你新的任务，以加快你的成长。好在，你顶住了压力，没有辜负老板的期望。"听到这番话，李林感到有些惭愧，也庆幸自己坚持了下来。

生活中有不少跟李林相似的事情发生。不同的是，有的人一开始就放弃继续努力的打算，要么把自己降低到和其他人一样平庸的水准，要不然就是骂一通领导有毛病，然后"潇洒地"炒老板鱿鱼，永远不知道后面等待自己的是何等的荣誉。

当我们发现自己不断被鞭打的时候，一定要摆正心态，正确看待这件事情。首先需要确认，领导交给自己这么多任务，只是简单的重复劳动，还是每件任务都能给予不同的挑战。通过这些工作，自己只是像流水线上的工人一样变得熟练而麻木了，还是能从各方面提升自己的能力，文案能力，PPT 制作能力，提案能力，谈判能力……通过对几个项目的总结，我们就能发现领导如此安排的用意。搞清楚状况以后，我们就好决定究竟是跟领导沟通解决问题，还是继续发挥十二分的努力让领导看到自己的诚意和实力。

需要注意的是，当你发现自己是领导眼中的"快马"时，除了加倍努力别让机会溜走，还要学会忙里偷闲、劳逸结合，该休息的时候就休息，该锻炼身体的时候也不懈怠，这才是简单生活应该有的态度。总之不论是何种情况，抱怨都是最糟糕的选择。它只会增加我们对工作的戾气，甚至迁怒于工作之外的生活。只有抱着正面的心态，学会分析眼前的情况，才能从不断鞭打中抽离出来。不论外界怎样对待，选择简单而努力地生活，就能达到幸福的应许之地。

有计划地去工作

　　每到旧的一年结束，新的一年开始的时候，我们会看到网上有很多人晒自己的新年计划。越来越多的人开始制定计划是一件很好的事情。因为做好计划，对于我们的人生具有重要意义。关于这一点，20世纪最伟大的心灵导师戴尔·卡耐基就说过："一个人不能没有生活，而生活的内容，也不能使它没有意义。做一件事，说一句话，无论事情的大小，说话的多少，你都得自己先有了计划，先问问自己做这件事、说这句话，有没有意义？你能这样做，就是奋斗基础的开始奠定。"做计划，不是盲目的，它建立在我们对于生活的认识和憧憬上。它是一个人获得成功所必不可少的基石；也是让我们的生活变得简单有条理，从而更加幸福的好帮手。

　　懂得做计划，说明一个人已经对人类的惰性有了清晰认识，并且开始有意识地克服这个问题。但遗憾的是，那些在新年给自己做计划的人，到了第二年的新年，人们会发现，这个计划跟前一年差不多，因为上一次的计划，他根本没有好好执行。所以，做一张计划清单，只是幸福的第一步，而切实执行，则是最关键的一步。

　　关键的关键在于，人们制定的计划太过长远，以致时间一长就失去了行动的动力。如同一个人决定半年后跑马拉松，另一个人只打算今天下班先跑八百米。最开始两个人肯定都是一样的信心满满，但真的能跑到计划终点的，更有可能是那个计划不那么远的人。所以，在睡前做一张第二天的计划清单，执行的效果会远远好于新年伊始制定一个全年计划。

计划执行过程中，最需要的态度就是持之以恒。做一次计划不难，难的是每天睡前都能做好计划；督促自己将计划付诸实践也不难，难的是每一个计划，都能坚持不懈的很好完成。如果放任自己听凭惰性摆布，那就是将前面所做的努力付之一炬，终至前功尽弃。

布兰和琼恩是远方亲戚，但两人的家境却有着天壤之别。布兰的父亲是当地数一数二的富商，而琼恩则是一个水管工的儿子。

从小，布兰的父亲就对他说："儿子，以后不管你想做什么，爸爸都会支持你，也有能力支持你。哪怕你不想做商人，想做律师也好、演员也好、橄榄球运动员也好，都没有问题。"而琼恩的父亲能力有限，只能激励琼恩："儿子，爸爸对不起你，这一生能给你的不多。如果你愿意，我可以教你怎样做一个优秀的水管工人。"

长大后，布兰得偿所愿地考入了法学院。但是没学几天，布兰觉得法律条文太多，背起来太辛苦，还是做演员容易。于是布兰退学，花大价钱请了一位老师到家里来，教授他表演的技巧。又学了几天，布兰发现，演员也不是那么好当，拍戏比想象中的辛苦多了。于是他又让父亲辞退了老师，转而打起了橄榄球。但此时的布兰已经错过了成为黄金球员的年纪。最后他决定还是子承父业来得容易。但万万没想到的是，金融危机一来，父亲的公司破产了。

而此时的琼恩，从小踏踏实实跟着父亲学习如何修理水管，慢慢在小区和周边有了名气。琼恩的生意越来越好，最开始组建了自己的修理队，后来又办起了修理公司，成为当地同行业中的佼佼者。

　　布兰和琼恩，两个人的起点不同，前者的条件明显比后者优越千万倍，但结果却以失败告终。究其原因，能否持之以恒，是界定成功与失败的分水岭。所以睡前做好第二天的计划清单，一定要记得，坚持不懈地执行下去。也许每一天的进步很不起眼，但经过365天的累积，你就能看到惊人的成绩。当新的一年到来，相比其他人与之前大同小异的"新"年计划，你的睡前计划将会奖励你一个大大的新年红包，里面装的是满满的幸福感。

如果可以，找一份让自己感兴趣的工作

所谓人性，就是人们都乐于做自己想做的事情，而不喜欢被强迫。兴趣就是一个人想做什么不想做什么的外在体现。如果不是以兴趣为前提，那做事的人不会快乐，做的事情也不会长久下去。而人生，就是要简单就好，享受它才不算辜负拼命成人的机会。人的一生有很多种方式去度过。顺从天性，做自己想做的事情，是最简单也最容易快乐的做法，也说不定更容易实现一直以来的梦想。

摩西奶奶是美国著名的原始派画家之一，全球各地知名博物馆都展出过她的作品。在 2001 年，华盛顿国立女性艺术博物馆举办了一场名为"摩西奶奶在 21 世纪"的大型画展。展览的物品除了摩西奶奶的作品以外，还有来自各个国家的与她有关的收藏品。其中，一张由摩西奶奶寄往日本的明信片，引起了极大关注。

1960 年的时候，一位署名春水上行的日本年轻人给摩西奶奶写了一封信。他在信中尽诉内心的苦闷，说自己目前从事医院的工作，但做得一点儿也不开心。自己一直很喜欢文学，最想从事的是写作工作。但在亲友的劝说和生活的压力下，不得不放弃梦想。现在自己即将三十岁了，真的很迷惑，究竟应该放弃收入稳定但不喜欢的工作，还是忘记喜欢的事，将文学之梦永远埋葬掉。

当时已经声誉卓著的摩西奶奶，给春水上行寄了张明信片，并根据自己的百岁生涯，附上最诚恳的建议："做你喜欢做的事，上帝会高兴地帮你打开成功之门，哪怕你现在已经80岁了。"

收到明信片的年轻人，人生从此改变。而世界文坛，又多了一位了不起的作家。春水上行就是后来的渡边淳一。

如果不是勇敢地追求自己喜欢的事情，现在不会有人知道渡边淳一是谁。但从他给摩西奶奶的信里我们看到，当时那个还只是春水上行的年轻人，并没有期望从文学里获得如此巨大的名誉，他只是简单地爱好文学创作而已。做想做的事由此产生的快乐，就是他最看重的回报。我们应该向渡边淳一学习，在做自己喜欢的事情之时，抛弃名利之心，单纯地享受这个过程就好。

渡边淳一是幸运的，因为他最终将兴趣爱好变成了实际行动，而且通过这份爱好让自己和家人过上了幸福的生活。但是，很多人远没有他幸运的百分之一。有些人生的悲剧在于，既没有享受过做喜欢的事带来的快乐，甚至连自己究竟喜欢做什么，都从来没有搞清楚过。

如果一个人只是工作工作工作，迫于生存的压力让工作占据了大部分生命，他当然没有时间去寻找和从事自己想做的事情。最佳的人生状态，就是将兴趣爱好和工作恰当地结合在一起。做自己喜欢的事比赚多少钱更加重要，因为金钱买不来内心的快乐与安宁。著名作家卡夫卡受迫于父亲的压力而学习法律，其后在一家保险公司任职。他从来没有快乐过，那篇蜚声世界的《变形记》就是他内心痛苦的真实写照。没有人想要痛苦地过一辈子，也没有人应该如此，做想做的事，是再自然不过的选择。

　　如果确实难以将爱好与工作放在一起，那至少工作之余，要努力寻找其他的乐趣。千万不要让工作成为你全部的生活，一定要给心灵留出充分自由的空间。如果喜欢电影，世界上那么多经典影片可以选择；如果喜欢音乐，迷笛音乐节、草莓音乐节……各种各样的音乐节花开遍地。如果你暂时不知道自己喜欢什么，那就像第 88 届奥斯卡最佳影片《房间》里的主人公说的那样"因为不知道自己喜欢什么，所以决定什么都尝试一下"。不管多大年纪，尝试永远都不晚。

　　人生苦短，只在弹指一挥间。人们总是以为时间多的是，可以先把喜好、快乐放一边，等到赚够了钱再开始享受人生。但是，他们没有想过的是，明天可能并不一定会以想要的方式到来。看看那些环游世界的外国青年，他们并没有大把的财富，背上个背包就把想做的事变成了现实。现在中国的年轻人背负了太多不该有的压力，却放下了本该享受的快乐，这是多么难过的一件事啊。

　　珍惜时间，享受生命，做你想做的事情，让快乐之泉永不枯竭，就是对生命最大的赞美。

第三章

简单心情，接受自己的不完美

　　没有人会对自己完全满意，我们有时候会痛苦也是因为我们对"完美"过分追求。人总是喜欢比较，喜欢拿自己的短处去跟别人的长处比较。这种比较固然会让你获得暂时的动力，但如果你无法接受自己的不足，那这种对比只会让你迷失方向，而且更加痛苦。其实，简单本身就是一种幸福，我们没有必要对自己太过苛求。所以，从现在开始，接受自己的不完美吧。

拥有的时候，你就该珍惜

随着科技的不断发展，现代社会的生产力水平越来越高，人们的物质生活得到极大丰富，并且还在不断膨胀。商品经济的浪潮将每个人席卷其中，物质的眼花缭乱终于迷惑了人们的双眼，使得现代人对于幸福的定义愈加复杂。幸福从奋斗变成了拥有，再从拥有变成了拥有更多，拥有更多之后，人们又开始追求拥有别人所没有的。

丽丽从事的第一份工作是在一家时尚杂志做实习编辑。她成长于一个普通的工薪家庭，爸妈都是厂里的工人，虽然算不上什么大富大贵，但一家人一直过得很开心。

上班以后，丽丽发现同事们都穿得很时髦，那些款式新潮的裙子、包包、高跟鞋，是她以前见都没见过的。对比自己邻家女孩的普通打扮，丽丽觉得自己就像卖火柴的小女孩。她越来越羡慕同事，也越来越感到愤怒，凭什么自己就不能拥有几万块的包包？

但是刚开始工作的丽丽根本就没有什么钱，一个月的工资也许还不够买一条裙子。于是，丽丽开始向爸妈要钱。最初的时候，两三千的高跟鞋就能让丽丽开心一个月，后来五六千的裙子也只能让她满足一个星期。因为她发现，每当她终于软磨硬泡跟父母要到钱，买到渴望已久的东西时，同事们早就去追求新的时尚，把她远远抛在了后面。丽丽的开心越来越无法持久，而攀比的欲望越来越强大。

后来，有几个时尚编辑去国外参加了最新的时装周，回来后大力推崇某个奢侈品牌的包包，但是因为太贵，目前办公室里还没有一个同事买过。丽丽心想，这次自己一定要比她们所有人都先拥有这个包包，让所有人反过来羡慕自己。于是，丽丽再次伸手向父母要钱。为了女儿昂贵的欲望，父母不断增加投入，这一次实在有些无力负担。看到女儿发脾气不开心，父母只能责怪自己没本事，于是决定更加努力工作赚钱。

在一次连续的加班中，极度疲惫的爸爸最终出了事故，不幸失去了半根手指。直到这时，丽丽才幡然醒悟。悔恨必将伴随她的一生。

人们总是看轻攀比可能造成的危害，就像赌博的人总是会用"小赌怡情"来欺骗自己一样。攀比的可怕，不仅仅是侵蚀原本简单、善良、富足的内心，而且会给周围爱你的人，造成同等程度甚至更深的伤害，就像故事中的丽丽一样。拥有别人没有的东西又如何呢？顶多是多了几道别人羡慕的目光，这都不能算作真正的幸福，只是虚荣、虚伪、虚假而已。

其实很多时候，我们只要能多看看自己有的，不过分关注自己没有的，就会发现自己比想象中幸福得多。事实上，无需使用放大镜，我们就能轻轻松松地看到手中握有珍贵的幸福。因为，没有人的生活是完美的，就算是王子，也有无法让他称心如意的事。

在现实面前，即便是王子，也有他不得不放弃的东西。类似的故事不胜枚举，比常人有钱的富翁，却不能找到真心爱他的女子；得过影帝影后的明星，也无法掩饰失败的婚姻所造成的痛苦；年纪轻轻就身居要职的精英才俊，却因过度劳累患上严重的疾病……而我们这些平常人，食能知味，衣可保暖，拥有一份虽赚不了大钱但足够养活自己的工作，可以和心爱的人拥抱，也有时间过一个放松的假期，这些是多少表面成功的人所渴望的啊。平平淡淡，本就是我们能够拥有的最大幸福，对于其他，还有什么值得羡慕？

对于那些我们暂时没有的东西，要报以平常心对待，可以将它变成激励我们前进的动力，但不能把它当作我们活着的目的。毕竟，在我们尚未拥有某些东西的日子里，不也照样开开心心地过？比如小时候，连零花钱都不能经常有，但童年却是我们最开心的日子。幸福的程度，与拥有物质的多少无关，将关注的目光聚焦到自己已有的东西上，就能感受到幸福。

愿每一个人都能擦亮双眼，只看自己有的，不去过分关注自己没有的，不羡慕，不攀比。如同波兰诗人米沃什在《礼物》中写的那样，从平凡的日子里感受到最真的幸福："如此幸福的一天。雾一早就散了，我在花园里干活。蜂鸟停在忍冬花上。这世上没有一样东西我想拥有。我知道没有一个人值得我羡慕。"

给自己的内心瘦个身

减肥是当今社会非常流行的一个词。但其实，比给外表减肥更重要的是，我们要给自己的内心瘦身。因为，一不小心潜伏在心底的欲望就会不断膨胀，直到最后超出人们的控制范围。心灵之眼被逐渐蒙蔽，往日的理智、善良也被排挤到黑暗的角落，不幸随之而来。

有人说，金钱是万恶之源。事实上，合理得到的财富本身并不跟罪恶沾边。之所以说金钱有罪，只不过是拜金主义者自欺欺人，将欲念之恶推脱到金钱身上的借口罢了。

千万不要以为被金钱操控离普通人的生活很远，不论是富豪还是常人，每个人的生活都面对这种诱惑，稍不注意，就会尝到后悔的果实。

心心一直想买一台最新款的电脑。但每次看到上万的价格都只能恋恋不舍地走开。后来商场推出了分期付款的支付方式，心心立刻到银行办了张信用卡。简简单单一刷信用卡，心心就买到了喜欢已久的电脑，她特别高兴。因为没有从钱包里拿现金，心心甚至都没觉得是在花自己的钱。尝到了第一次刷卡的"潇洒"，心心再也抑制不住内心的渴望，开始疯狂地买起了各种东西，哪怕生活中根本用不上，单纯只是一眼看着喜欢而已。

等到第二个月要还款的时候，心心才惊讶地发现，原来自己刷了这么多钱！要是都还了信用卡，这个月连吃早饭的钱都没有了。好在有最低还款额。但是当心心再次想买东西的时候，她依旧没有控制住自己，刷卡刷卡刷卡，后悔，再还最低额度，再刷卡……就这样，欠银行的钱越来越多。

物质的诱惑离我们如此之近，因此，在诱惑面前，我们必须清醒理智地对待，学会给利欲膨胀的心"减肥"，这样的人生才会收获健康与幸福。

首先，人们需要树立正确的金钱观，财富伦理是当今社会应当形成的共识之一。其实，早在春秋战国时期，我国的思想家就已经构建了成熟的财富伦理体系，那就是以"义"作为获取财富的前提。《大学》有一句话，"仁者以财发身，不仁者以身发财"，说的是仁义之人用财富来提升自己以实现理想，而缺乏仁义之人则把自己本身当成了赚钱发财的工具。从这句话就能看出，正确的金钱观提倡人们只是将财富当作实现梦想的手段，万万不可以将自己变成金钱的奴隶，而任其扭曲自己的仁义之心。孔子说："不义而富且贵，于我如浮云也。"浮云转瞬即逝，不值得看重，这是我们每个人对待不义之财应该有的蔑视态度。

其次，君子爱财，取之有道。现代社会，所有人都需要金钱为生活带来保障。但是只有通过正当的途径获得财富，它才能为人们带来正面的价值。在任何一个时代和社会，勤劳、善良都是被人称颂的美德，而利欲熏心、不劳而获或者以权谋私都将遭受法律和道德的谴责。因此，我们不论是自己创业，还是在别人公司上班，都应该认真负责地对待每一天的工作，既不偷懒混日子，更不投机取巧甚至私吞公款。正正经经靠自己的劳动挣钱，才能过得踏实。

最后，当财富求而不得时，做到不抱怨、不攀比，更不会为了得到而不择手段。减少不必要的欲望，放弃不切实际的物质追求，是给利欲膨胀的心减肥的最后一道锻炼。有人也许会说，放弃的话自己的生活质量是不是就会降低，其实不然。生活质量的标准在于内心，而不由外物堆积。不是拥有的金钱、物质越多，一个人的生活就越舒服。搬过家的人就知道，过多的东西是一种负担。物质对于心灵来说，也是如此。减少过多的欲望，就是给心灵瘦身，为灵魂减压。当我们的内心恢复"正常"，才能真正享受到高质量的幸福生活。

何必太过执着，适当分享你利益

《增广贤文》是我国古代的一本民间谚语集，里面记载了大量古人的人生智慧。其中有一句，在当今这个物欲横流的社会特别适用，尤其对于身处利欲漩涡的人们，更能从中找到正确的人生态度。古人云："良田万顷，日食一升；广厦千间，夜眠八尺。"意思是，就算有万顷良田，一个人一天也不过吃一升米；哪怕拥有千间豪宅，夜晚睡觉占用的地方也不会超过八尺。其实就是说，不论一个人拥有多少财富，他对于物质的需求终究是有限的。

财富增长到最后，就只是数字的无意义增加，它再也不能给予一个人因为付出了努力而产生的成就感和幸福感。这种时候，懂得分一杯羹给别人，才是重新找到成就与幸福的方法。

曾经，人们只知道比尔·盖茨是世界首富，许多人羡慕他强大的赚钱能力。而现在，他最著名的头衔是慈善家，众多挑剔的媒体都给予他之前从未有过的崇高评价。

1998年《纽约时报》星期日版的一篇文章，在盖茨夫妇心目中引起了强烈的震动。该文章通过数字和图表两种直观的方式，呈现了全世界不同国家在收入、卫生保健、平均寿命等方面的巨大差异。看到全球90%的疾病都发生在只拥有10%的保健资源的贫穷国家，又想起自己之前在非洲目睹的悲惨现实，盖茨夫妇内心感受到极大的煎熬。将财富用于慈善，分享给更多需要它的人，成为了盖茨夫妇迫切想做的事。

后来，比尔·盖茨先后成立过多个慈善基金，并最终整合成一家，即比尔和梅琳达·盖茨基金会。该基金会主要在四个方面为需要的人们提供援助：健康、教育、图书馆公用计算设备、美国西北部的社区建设。仅仅在疟疾疫苗方面，就有600万人因为基金会的援助而活了下来。

在一次采访中，比尔·盖茨这样说道："当财富多到一定程度，金钱对我来说就没用了。"从微软退休后，他将大部分精力都献给了慈善事业，终于找到了超越赚钱，更加伟大的信仰。当然，并不是只有富豪才能做慈善，任何一个善意的举动，比如向山区的孩子们捐赠衣物、书籍都是在分享爱与幸福。另外，让财富对社会有所贡献的方式有很多，做慈善只是其中之一。如果能在获取财富的过程中，也能够同样和别人分享利益，那么奋斗将不再是孤独而艰辛的旅程，你将获得众多同行伙伴的支持。而且因为有了更加善意的目的，在这个过程中，你将比别人有更清晰的方向，不会轻易被欲念蒙蔽而失去信仰。

我国古代就流传着一则著名的故事，关于财神范蠡。据《史记·货殖列传》记载，范蠡一生曾经三次千金散尽，将获得的财富与朋友、百姓分享，有的是为了帮助友人解燃眉之急，有的是天灾之时赈济灾民。每一次范蠡从头开始，都能照样获得成功，秘诀就在于他创业过程中，并不是像其他商人那样金钱至上，剥削伙计，算计同行，而是慷慨对待每一个员工，与农民、商家合作也力争做到共赢。比如，在年初时，范蠡会和农民们签订收购条约，确保收成之后的货源稳定。有时到了年底会出现约定价格和市场价格不一致的情况。这时，范蠡宁愿自己吃亏，也不想让金钱凌驾于道义之上。如果市场价格高于约定价格，他就按照市场价格支付给农民，如果市场价格低于约定价格，他也不会恶意撕毁合约。正是这种恪守道义、合作共赢的经营原则，让范蠡成为世人推崇的"商圣"，几千年来，"富而行其德"的美誉流传至今。

有人说，无商不奸。但商人并不是天生经商，刚出生时每个人的灵魂都纯洁如白纸。之所以长大经商后有的人变得奸诈，不是因为商人这一身份，而是因为受到了利欲蛊惑。每个人的一生中，总会出现某些时刻会特别需要金钱或渴望拥有名利权势，每个人都会有仿佛听到利欲召唤而丧失自我的瞬间。要让自己不被利欲熏心，就要学会控制自己的欲望，战胜想将一切占为己有的心魔，有时甚至要刻意与物欲保持距离。

学会分一杯羹给别人，就是要和他人分享，和物欲隔离。不论是直接把财富用于慈善，还是在创造财富的过程中做到共赢，都能让我们感受到远远超过财富本身的幸福，而且还在将这份幸福扩散出去。金钱的价值永远只是固定的数字，一块钱就是一块钱，但分享之后，一个人的幸福就会成为两个人、三个人甚至更多人的幸福，金钱有价，而幸福和美好的灵魂无价。等到我们不得不与这个世界告别的那一天，我们不会想要带走任何一块钱，但会因为曾经那些善良的举动而无愧于天地。

当你感到知足的时候，幸福的生活就已经来了

莎士比亚说："一千个人眼中有一千个哈姆雷特。"对于一出戏剧之所以有如此多不同的看法，源于每个人的人生经历不同。那么，对于远比戏剧精彩，也远比剧中角色复杂的人生，可想而知每个人必定也有千万种与众不同的解读。所以，究竟什么是幸福？它可以是很多东西，但恰恰不是某个具体的定义。它就是内心的一种状态，因人们的阅历不同而不同。

生病的人认为健康就是幸福；健康的人认为有钱就是幸福；有钱的人认为有人爱就是幸福；有人爱的人又会认为名气大就是幸福……我们发现，很多时候，人们对于幸福的理解，不是基于他拥有什么，反而是因为他缺少什么。

明末清初有本有意思的书叫作《解人颐》，其中就有这样一段话："终日奔波只为饥，方才一饱便思衣；衣食两般皆供足，又想娇容美貌妻；娶得美妻生下子，恨无田地少根基；买得田园多广阔，出入无船少马骑；槽头拴了骡和马，叹无官职被人欺；县丞主簿还嫌小，又要朝中挂紫衣；做了皇帝求仙术，更想升天把鹤骑；若要世人心里足，除非南柯一梦兮。"不论时代怎样变迁，人们内心的困境总是如出一辙。有一就想有二，有了二还想有三，欲望的沟壑总是难以填平，在人们和幸福之间造成巨大鸿沟。

有一个穷人生活得很悲惨，他没有可以遮风避雨的茅屋，每天吃不饱也穿不暖。善良的天使看他实在可怜，便对穷人说，

只要他出去跑一圈，跑过的土地就全部归他所有，但是只有一个要求，那就是必须在天黑之前回到原地。

穷人听了欣喜若狂，立刻打起十二分的精神，拼命向前跑去。每当他觉得很累想要停下来坐一会儿时，看看日渐西斜的太阳，想到即将得到的土地，就又努力向前奔跑。好心的路人提醒他，差不多该往回跑了，否则日落的时候你就回不去啦。但穷人对于别人善意的提醒充耳不闻，一心只想着再多跑一点就有更多的土地。于是再跑一里再跑一里，最后直到天色昏暗越来越看不清楚前面的路时，他才清醒过来。这时，穷人发了疯似的往回跑，却怎么也赶不上太阳落下的速度。最后，他体力透支，心力衰竭，倒在了尘土里。最后，穷人还面朝夕阳，伸出手掌想要紧紧地抓住最后一丝阳光。不懂得知足最终让他失去了一切，除了本将到来的幸福，还有已经拥有的健康身体。

其实幸福可以很简单，就是懂得知足，学会克制欲望。就像神奇的除法，作为分母的知足越大，作为分子的欲望越小，两者相除发生的化学反应就越强烈。哪怕是一个平凡的人，都可能感受到比国王更强大的幸福。

曾经有一个美妙的国度，它拥有世上最美丽的风景，最丰饶的土地和最善良的人民。但是这个国家的国王却并不幸福。他总是觉得生活中缺少了什么。国王用尽一切办法想要自己开心起来。他命令子民们献上世间的奇珍异宝，他找来全国最优秀的马戏团，甚至下令全国敬献美丽的女子。但是国王总是在最初看到的几天高兴一下，几天过后，新鲜感一过去，便重新愁眉苦脸。

后来，一位智者告诉国王，解决的办法其实很简单，就是微服私访，到全国各地转一转。回来之后，他一定会和现在判若两人。国王半信半疑，还是采纳了智者的建议。

在富商的家里，他只看到了贪婪的欲望。在读书人的家里，他只看到了渴望功名的虚伪。在全国闻名的艺术家那里，他只看到了维护盛名的焦虑。看得越多，国王越是迷惑。最后，国王路过一个茅草屋外，被屋内欢乐的笑声吸引。国王下马，敲响了这家人的木门。开门的是一个年轻农夫，他后面坐着怀抱婴儿的妻子。农夫不知来的人就是国王，既没有近乎谄媚的殷勤，也没有冷漠地将他拒之门外，而是热情的将他迎进屋里。

国王问农夫："为什么你没有豪宅锦衣，也没有盛名权势，却显得如此幸福?"农夫回头看了看妻子和孩子，笑着说："我有什么好不幸福的呢？我有爱我的妻子，不是比千金更加珍贵？我有健康的孩子，他的一声'父亲'比任何名声都更加难得！我还有健康的身体，以及可以和家人一起共同创造的未来。我很知足，可以说，就算是国王，我也不羡慕。我很幸福。"听完这番话，国王终于懂得了幸福的真正含义。

幸福的来源不是外在，而只存在于简单又美好的内心。懂得知足，就像故事中的农夫那样，就是要将目光放在当下，减少自己的欲望。肯定会有比我们更有钱的人，只要能够尽情享受当下所拥有的东西带给我们的美好，知足常乐，就能感受到超越一切的幸福。

有些虚名是该放弃

有人认为，声名就是闪耀在一个人头上的光环，走到哪里都会吸引众人的目光。殊不知，声名更像是套在孙悟空头上的紧箍咒。一旦陷入其中被虚名捆绑，不仅骑虎难下，还不得不付出令自己追悔不已的代价。

一个被盛名捆绑的人，就如同印度热带丛林的猴子，不懂得该放手时就放手。在那里，人们根据这种猴子的习性，摸索出一套非常有效的捕捉方式。人们先将一个经过特别设计的小木盒固定住，然后在里面放上猴子最爱吃的坚果。

木盒开口很小，猴子的前爪恰好能够伸进去。但出来时，猴子的前爪因为抓满了坚果，怎么都拿不出来。拿不出来猴子也不肯扔掉哪怕一颗果子，就这样被人们轻易捉住。紧抓住坚果不放最终失去自由的猴子，不正像被虚名捆绑的人？

不被虚名捆绑，不仅仅是要看轻盛名，不会因为追求全社会的羡慕、吹捧而扭曲自己，放弃曾经简单美好的内心；它还意味着，不被虚名阻碍，只要没有触犯法律和道德底线，人们就有权利听从自己内心的声音。

香奈儿现在已经是世界顶级的奢侈品牌，它的成功被无数人奉为经典。其创始人可可·香奈儿，更是全世界人们心中成功女性的典范。但在她那个年代，一开始人们并没有马上接受她的时尚观念，对她的评价也不如后来的友好。

如果要追求盛名，香奈儿应该设计当时被主流社会认可的女装，复杂、奢靡而累赘。但她却决定做自己喜欢的事情，选择了极大解放女性的简洁舒适风格，甚至率性推出了女装裤子。这不仅在时尚界，更在全社会引起了极大轰动。在最初不被社会认可的时候，香奈儿坚持了过来，没有因为虚名而改变初衷，才终于有了现在这个传承百年的世界品牌。

名声只是社会外界对一个人的主观评价，它的重要程度远远低于一颗简单高尚的内在。更何况，它会随着时代标准的变化而面目全非。可可·香奈儿的一生，就是不为虚名所累，坚持自己最终改变社会的生动故事。名声，更会在永恒的时光面前褪去光环，历史上多少红极一时的名人都被掩埋进了尘埃。

没有什么比让自己被捆绑在虚名中，活得更累更愚蠢。我们活着，是为了感受幸福、享受生命，而沦为虚名奴隶的人会失去自由的内心，又要如何真正地活一次？在生命面前，虚名的无足轻重已经显而易见，赶紧打破它的束缚，简单轻松地踏上生命之路吧。

平常心最难得

诸葛亮54岁时，给8岁的儿子写了一篇《诫子书》。彼时的诸葛亮已经看遍了人生的大起大落，深知名利权势皆浮云，于是告诫儿子说："非淡泊无以明志，非宁静无以致远"。人的一生，如果不能看淡名利便不能有明确的志向，不能内心安宁并难以到达高远的境界。而淡泊、宁静说到底，其实都需要一颗平常心。面对万贯财富能不动心，恪守自己原则的，是将金钱等闲视之的人；身处碌碌红尘，依然能远离诱惑，活得淡定从容的，是能在平凡中发现幸福的平常心。

平常心就是要看淡名利得失，不以物喜，不以己悲。能够在人生的潮起潮落中做到顺其自然，像人在冲浪，跟随海浪的起起伏伏坦然处之，才能纵享生命的成功、乐趣和幸福。

从前有个小和尚，他自小遁入佛门修行，二十年后智慧越发增长，成了一个颇具佛心的佛门弟子。有一天，年事已高的方丈将全寺的和尚召集到院子里。方丈说要在所有弟子中选择最有慧根的一个，来接替方丈一职。从那天起，小和尚更加努力钻研佛经，但总不能像之前那样全心全意。小和尚很苦恼，于是向方丈请教。方丈并没有直接解答小和尚的难题，反而叫他下午和自己一起去山下买甜瓜。

下午，小和尚和方丈来到市集。他们走到一个摊位前，选定了一只甜瓜。摊主把甜瓜放在手上随便一掂，便说："一斤六两。"小和尚不信，坚持要称一称。摊主一边称甜瓜，一边自信地说："我卖甜瓜已经43年了，怎么可能出错?"没想到果然是一斤六两，分毫不差。

一直站在旁边观看的方丈突然说话了："这里有一锭银子，足够把你整个摊子都买下来。但是我们只要一只甜瓜，只要你再猜中这只瓜的重量，这锭银子就归你。"说完，方丈随意拿起一只瓜递给摊主。摊主的表情从开心变得凝重，一会儿把甜瓜放在左手掂掂，一会儿又移到右手，全然没有了刚才的气定神闲。犹豫再三，摊主一咬牙说："一斤三两。"方丈笑笑，拿过了甜瓜和称。结果是一斤四两，和摊主说的就差一两。看到结果，小和尚大惑不解，方才分毫不差的摊主这次怎么会出错。

回寺的路上，方丈才解释道，这卖甜瓜的摊主就和想当方丈的小和尚一样，面对可能获得的成功或者利益，失去了平常心，让双眼被蒙蔽，理智、经验、智慧都派不上用场。所以，结果当然是失败。

越是把成败得失看得重的人，越容易紧张慌乱，反而难以发挥出正常的水平。高考中，因此复读的人有之;工作中，因此功败垂成的人也有之。生活中这样的故事俯拾皆是。在升职加薪面前，有的人可能因为紧张以致工作失误，失去本可轻易到手的机会;面对金额巨大的生意，负责方案呈现的同事也可能会因为重视而慌乱，讲解方案、解答问题都无法像平时那么流利。如果能将一切等闲视之，懂得成功不是多么了不起的事情，失败也不会让我们的人生加快结束，就能将自己的水平稳定甚至超常发挥出来，获得不平常的成功与荣誉。

对待外在的现实世界是如此，对待内心的幸福感受亦是如此。没有一颗平常心，不仅无法获取不平常的幸福，只怕连平日里能够享受的幸福都变得越来越远。

有一位身经百战的将军,他一生经历上百次出生入死的战役,终于为国家换来了边疆的安宁。没有战事的时候,这位将军喜欢搜集古玩,以此放松心情。在所有的收藏品中,将军最喜欢一只青花瓷碗,一有空就会把它放在手里把玩把玩。这样的时光,总是令将军觉得特别快乐,那些浴血奋战的痛苦,都能烟消云散。

有一天将军正在把玩之际,一位友人来访。友人认出这只瓷碗是稀世珍宝,价值连城。将军听后欣喜不已,对瓷碗越发喜爱。第二天,将军又拿出瓷碗把玩,突然想起了友人前一天的那番话。将军心想,这么珍贵的瓷碗,若是把玩的时候碎了,岂不可惜!正这么想着,将军手一滑,差点将瓷碗摔到地上。连上战场都从没怕过的他,居然吓出了一身冷汗。

从此之后,将军再也不把玩瓷碗了,只是把它放在盒子里"珍藏"起来。放弃自己爱好的将军,再也没有达到过忘我的境界,再也没有享受过旁若无人的幸福。

就是因为太过在乎,对平常之事都不再能够以平常心对待,我们连最普通的幸福都可能失去。平常心并非多么高深的智慧和精湛的技巧,当你陷入生活、工作的窘境之时,蓦然回首,你会发现这不过是你与生俱来的初心,只是,别让它再被扑朔迷离的表象所蒙蔽而遮住了幸福之光。

第四章

当你放下时，幸福会悄然而至

　　每个人都有放不下的东西。有的人放不下名利，有的人放不下某段感情，还有的人就是放不下自己的担心。其实，这是一个做加法的过程，在这个过程中，我们会感觉到越来越累，生活也会变得越来越复杂。而当你开始放下时，你会发现生活其实很简单，你要的幸福也会如期而至。

有多少人的幸福是在自欺欺人

很多人工作中都会遇到这样的同事：在他的眼里，现代幸福，最起码的基石就是票子、房子、车子……自己有花不完的钱，有豪华的别墅，有名贵的车子，拥有了这些，才能保证幸福！

黄平就是工作中这类同事的代表之一。有一天，他累病了，朋友去医院探望他。聊着聊着，黄平再也抑制不住，突然向自己的朋友抱怨起来。这让朋友感到十分惊诧，因为在大家眼里，他一直是一个工作狂，事业心强，可他现在却对朋友说："我现在真有点弄不明白人到底是为谁活着？人到底是要追求幸福还是要满足虚荣？"

黄平的一番话不仅是对自己的拷问，也值得被成功学浸染已久的现代人深思。其实很多时候，人们就是在自欺欺人，以为拼命地挣钱是为了幸福的生活，其实无非就是为了满足自己的虚荣心。

那什么又是好日子呢？即使是个流浪汉也会拥有幸福的一刻啊！我们不过是迷失在幸福的幻象里罢了，表面上拿着幸福做幌子，实际则干着攀比虚荣的勾当。比如谁考上博士了，谁评上教授了，谁又要买房子了，谁刚买了辆宝马了，我们总拿别人的标准来要求自己，可悲的是，当我们满足了一时的虚荣后，新一波的欲求又悄然来袭。

结婚纪念日快到了，于是妻子问丈夫打算买什么礼物给她？

丈夫试探性地问："要不花几千块钱买一个包？"

妻子拒绝的理由是好几千块钱可以干好多事，这些事都是他们想做的，能让彼此都快乐幸福，为什么要把它浪费在一个装饰品上呢？

那一刻，整个家里都充满了幸福的味道。即使是素面朝天，一身朴素，简单而坦诚的内心也不会觉得空虚。因为，幸福，无论多么不起眼，这不起眼的幸福都会留在这样的心里，给生活带来无尽的温馨；而虚荣，无论表现得多么夸张，那都是为别人而设置的，留给自己的永远是空虚与寂寞。

幸福最忌讳的就是虚荣和比较，这会让原本美好的灵魂因扭曲而失去感悟幸福的能力，美满的家庭因互相伤害而走向破灭。在现代社会，人们看到过、听说过，甚至经历过太多类似的故事。

在地震时发生过这样一个故事，一对夫妻被压在废墟底下，黑暗中，妻子紧握着丈夫的手说："如果我们能出去，我们就再也不吵架了！我们好好过日子！"老公也温情地回应道："嗯，天灾面前，有再多的钱也没有用，咱们能平平安安地活着，才是最幸福的。"这对夫妻之所以在身处绝境的时候，想到的不是房子、车子和票子，完全是因为它们对于绝镜中的人来说，连一根草屑的分量也比不上，真正能够温暖人心的是彼此间不离不弃的相守。

每个人都有追求幸福生活的权利，而每个人对于幸福又都有着不一样的理解。对于我们这样的普通人来说，幸福是不需要任何装饰的，任何品牌也装饰不了。因为幸福是发自内心的对生活的满足感，而装饰往往代表了我们对生活的不满，这其实是一种不幸福的表现。

一个明星可以拥有豪宅，跑车，名表，时装，那是它自身所处的社会角色决定的。而我们都是普通人，我们需要拥有的是一种安逸舒适的生活，是一种卸掉包袱，抛弃虚荣与浮躁的真实的生活。因此，不要再让幸福的幻象迷惑了我们的双眼，那只是爱慕虚荣在作祟，真正的幸福不在于坐拥金山银山，只要我们懂得知足常乐，幸福一定信手拈来。

人生本无事，庸人自扰之

人活在红尘俗世中，自然免不了有诸多烦恼，名利场中世情琐事会接踵而至，各种烦恼也随之而来，挥之不去。

人生为什么会有如此多的烦恼呢？佛曰：一切烦恼皆由心生，也由心灭。所谓快乐烦恼，都在一念之间，所有烦恼皆因自扰。

适度的未雨绸缪是好事，但凡事过犹不及。常言道，"人生不满百，常怀千岁忧。""天下本无事，庸人自扰之。"再比如俗语云，"君子忧天下，小人忧衣食，各为其难，各得其便。"小人物有小人物的烦恼，大人物有大人物的难处。求人难，被求者亦难；世间之事，不如意者常常十之八九，为局所迷，为事所难，历来如此。

法国人有一句谚语："填不满的欲海，攻不破的愁城。"欲海难填，是对的，但愁城不破，却不一定对。忧愁和忧虑，都不是抽象的物体，而凡是具体的、看得见摸得着的、哪怕只是感觉得到的东西，其外延和内涵都是有限度的，都将有始有终，没有永远攻不破的。

所以说，"愁城"能不能破，关键在于人，在于人的认识，在于人的心态。

困惑是一种毒药，而幸福是一种能力。当一个人生活在幸福之中时，他的内心充满了欢悦，他会用积极向上的态度对待身边的任何事，即使遇到困难，也会阳光向上，用希望代替抱怨。

再大的抱怨和再多的哀叹都不会提升我们的幸福指数，更不会让我们过上梦寐以求的奢华生活。而且，这些庸人自扰的烦恼，只会损耗我们手中现有的幸福。

有三位母亲经常在一起聊天。她们的儿女都已长大成人，聊天的话题总是绕不开各自的孩子。

第一位母亲总是很骄傲地说自己的孩子很能干，去了美国工作，已经拿到绿卡。第二位母亲也不示弱，说自己的孩子在机关单位上班，工作稳定，压力小，待遇也不错。第三位母亲听着她们的话，总是笑笑，笑容里既没有嫉妒也没有怨恨，只是一如既往的平静而幸福。

一天，三位母亲又坐在一起聊天。第三位母亲的女儿恰巧回来听到了她们的谈话。女儿觉得很对不起自己母亲，自己不争气，让她在人前抬不起头。哪知母亲依然笑着说："做人最重要的就是自己开心，别人过得怎样，有什么值得羡慕的？你陪在妈妈身边，每天都能看到你，妈妈就觉得很幸福了。"

三年后，第一位母亲再也不炫耀自己孩子的绿卡，而是抱怨孩子出国以后再也没有回来看望过自己。第二位母亲也总是愁眉苦脸，因为自己的孩子觉得工作不开心。只有第三位母亲，依然微笑着，虽然女儿刚辞了工作出来创业，正是最辛苦的时候，她还是能从每天的日常琐事中发现幸福的痕迹。

很多人都会真心佩服第三位母亲的豁达与平和，她不像如今社会上的很多人那样，终日汲汲于名利，每天都患得患失，为自己和儿女的未来杞人忧天，而是尽情享受已经拥有的生活。尽管生活不是那么富裕，平日穿不上锦衣华服，也吃不上山珍海味，可她的内心却始终宁静恬淡，品尝到的幸福滋味比任何山珍海味都要来得甘甜醇香。

其实，人生就是要如此优雅从容，如果我们是一只精致的盘子，价格不菲，让人爱不释手，但千万不要这样认为，"我这么精致，这么珍贵，放进来的东西一定要是拔尖的，否则就是暴殄天物！"因为，这样的认知会把我们自己放在一个非常被动的位置，一旦放进来的东西不够高档大气上档次，我们就会庸人自扰，觉得自己过得不幸福。

因此，正确的想法应该是——我只是一只盘子，只不过比别人精致了点，无论放什么进来，我一定要摆好姿态，把最美的造型展示出来。如此一来，不管我们遭遇到什么，都能够通过自己的努力，将处境往好的方向扭转，最后由衷地感受到一种无与伦比的幸福。

少些敏感，多些顿感

伟强刚上班的时候年轻气盛，眼睛里揉不得沙子，认为这个世界非黑即白，什么事情都要分出个谁对谁错。后来在老总身边久了，随着年龄渐长，伟强学到了不少东西。

伟强暗暗地注意过老总，他也犯过错误，吃过各种亏，有明亏，自然也有暗亏。但他经历过的很多事情，过去了就过去了，一点也不放心上。有时候老总还遇到过别人对他不客气的事儿，但他不会因此影响情绪。起初伟强还以为老总虚伪，后来才明白这是一种容人容事的度量，太敏感的人性格会有缺陷，对工作也好，对生活也罢，患得患失，有了错误，心里会特别不舒服，责怪自己或是别人，从而影响了工作状态和效率。

心态一旦转变，伟强的工作热情也渐渐高涨，他再也不会拿着放大镜去看公司领导和同事对自己的批评，因为此举无疑是在自己的伤口上撒盐，除了更痛一点，再无其他。把复杂的事情弄得简单一点，能让自己感到轻松快乐，但是把简单的事情弄复杂了，这就无异于作茧自缚，徒添烦恼了。

其实，人们都应该向伟强的做法学习，郑板桥不是有句话叫"难得糊涂"吗？每当心中有什么不快，或者觉得受了什么委屈，大家不妨都想想这四个字。这四个字告诉人们，为人处事要淡然且平和，不要再为一些鸡毛蒜皮的小事斤斤计较，糊涂一点，人也会感觉幸福快乐不少，周围的人也会因此对我们抱有好感。

　　做人真的不能太敏感，我们顾虑的事情越多，所走的每一步就会越小，最后非但实现不了心中的梦想，反而会把自己逼入一个痛苦绝望的死胡同，毫无生还的希望。

每个人都要有两三个知己

　　高山流水的故事，大部分人都耳熟能详。樵夫钟子期竟能领会俞伯牙"峨峨兮若泰山""洋洋兮若江河"的绝妙琴艺，两人遂为知己，成就一段千古传颂的佳话。子期去世，伯牙摔琴绝弦，悲而吟之："摔碎瑶琴凤尾寒，子期不在对谁弹！春风满面皆朋友，欲觅知音难上难。势利交怀势利心，斯文谁复念知音！"时隔多年，我们依然能从字里行间，感受到伯牙知音难再觅的痛苦之情。

　　茫茫宇宙，人类只是极其渺小的存在。终其一生，我们会经历很多求而不得的无奈，知己便是其中之一。

　　敏敏很自豪自己有许多知己，总是非常热心地组织闺蜜团的各种聚会。每个周末，敏敏都很忙，忙着和知己们一起去买衣服、做头发、吃甜点。和父母打电话说不了一分钟就挂掉，却能听朋友哭诉男朋友的缺点到凌晨。敏敏觉得，这就是知己的样子。大家对穿衣的品位一样，对食物的口味一样，就连喜欢的伴侣类型也非常相似。

　　又一个周末到了，敏敏却不能跟往常一样参加聚会，她生病了，发高烧挺严重。于是，敏敏在朋友圈发了条状态"好难受啊，浑身没力气。以前生病都有妈妈煲的爱心粥，好怀念啊。"躺在床上的敏敏每隔两三分钟就刷新一次朋友圈状态，却发现往日里那么多玩得好的知己，却连回复评论表示关心的人都没有几个。敏敏感到有些失落，刚开始还自我安慰，也许她们只是在忙别的事情，没有看手机呢。想着想着，敏敏就迷迷糊糊地睡了过去。

等到敏敏醒过来，已经是一个小时以后。她第一时间打开手机，查看有没有新的评论。结果，什么都没有。倒是刷出了朋友们聚会的好多自拍，隔着屏幕，敏敏都能感受到她们的热闹和开心，仿佛少了她根本没有任何差别。这个时候，敏敏终于控制不住，伤心地大哭了起来，所谓的知己不过如此。

其实，知己不等于朋友。从小到大，每个人的一生都会交到很多朋友。但是随着年岁的增长，曾经以为能够陪伴我们走完一辈子的友情，终究会在时间面前变成一张张照片。细想一下，那个每天和你一起上学的小伙伴，如今还联系吗？那个和你咒骂爱情，陪你流泪的大学室友，现在是否已经天各一方？时间、空间，都会让朋友变得疏远，而知己，却能不论多久没见，也不管相距多远，都能在寒夜里温暖彼此的灵魂。

大家也许会觉得，是敏敏自己太笨，连真朋友假知己都分不出来。但是，生活中有不少人都跟敏敏一样，错误地将外在的相似当成结交朋友的标准。相似的外在，只是不值一提的皮囊。皮囊之下的内心，才是评价友人真诚与否的根本。

真正的朋友，会在你伤心的时候第一时间给你安慰，会在你无助的时候冲到面前给你拥抱。真正的朋友，愿意牺牲掉自己的快乐，来分担你的痛苦。而知己，则比真朋友更进一步。有时表面看来，知己之间也许很少有相似的地方，甚至会因为对一件事物各执己见而产生争论。这种争论，实则蕴含着两颗相知相惜的灵魂互相碰撞的美丽火花。在知己之间，存在部分相似之处，因对很多事情感同身受而心照不宣；更可贵的是，两人之间，又存在能彼此包容并为对方歌颂的不同。它能从另一个角度，拓宽双方的视野；从另一个层面，增加灵魂的厚度。生命需要的正是这种不同所带来的丰富与精彩。

现代社会，除了父母，有几个人能够为了陌生人牺牲自己的利益，真诚以待并懂得对方？所以我们才说，生命中的知己，可遇而不可求。

既然如此，当我们的灵魂还在孤独寻找的时候，请千万不要悲伤，不要失望，更不可以将就。如果爱情之中，尚未找到知己，就不要因为家人的催促勉强自己。虽然当今社会对于婚姻的分分合合早就见怪不怪，但一段失败的婚姻总会在每个人的心里留下或深或浅的伤口，受苦的终究是自己。所以不慌不忙地等待，比委屈着过日子来得简单和坦然。

对于友情而言，如果知己也还没出现，那就安静地享受独处的时光。阅读更多的书，欣赏更多的电影，参加更多的展览，利用宝贵的独处充实自己的灵魂，而不是沉迷在与普通朋友的觥筹交错、寻欢作乐之中自我麻醉。

"万两黄金容易得，知心一个也难求"，对于人生中这可遇而不可求的缘分，我们能做的就是安心等待，修炼内心，做一个更好的人。当我们将内心修剪得足够简单，就能看透尘世的欲望，找到通往美好的路。而当我们的灵魂变得足够美好，会散发出从未想象的强烈磁场。到了那个时候，越来越多的人将被你的人格魅力深深吸引，知己，就隐藏其间。你若盛开，清风自来。

善良是一种良知，立足于道德之上

随着阅历的增长，我们是否还能保持那一份善良呢。虽然我们的生活中应对着杂乱多样的问题，但善良的力量依然很大。它是最美的雨伞，为他人撑起一片晴空。

小凡在北京做幼教项目，经常要赶早到全国许多城市跑业务。一天，他上气不接下气地赶上最早的一班列车，后背全湿透了。好不容易找到自己的座位，一位年过八旬的老大爷已经坐在那里。

"大爷，您不是这个座位的票吧？"

"嗯，走得急，买的站票。赶上哪个就坐哪个吧。"

"大爷，您到哪儿下车啊？"

"没多远，石家庄。运气不错，车都快开了，这个位上还没人。"

小凡欲言又止，默默地离开，就让大爷安心地坐着吧。

人性中蕴藏着这样柔软而有力量的情愫——善良，可以让彼此缺乏信任的陌生人放下心中的戒备。正如罗佐夫所说的那样："感人肺腑的人类善良的暖流，能医治心灵和肉体的创伤。"善良是一种良知、一种本性，它立足于道德之上。

然而，在我们的生活中也会出现这样的一些场景。比如，老师给学生的评语是"他很善良"，没有想到，孩子的家长很是不以为意地回应说："现在这个社会里，善良有什么用啊？"

其实，不是善良不好，是我们有时候对善良的方式不对，以至于有一段时间，微信朋友圈被爱默生的名言——"你的善良，必须有点儿锋芒，否则就等于零"刷屏的时候，一下子就戳中了那么多人隐秘的痛点。

凤缳在证券行业工作，人看起来很温婉，可温婉当中却又藏着一股力量。她做事认真，为人处世也异常得体。比如，遇到同事向她寻求帮助，她会先了解具体情况，然后说："我很想帮你，但我觉得要是我现在就帮你做了，真的是害你。这些事儿都是你必须要学的。所以，你可以自己处理，我相信你可以做到的。"

她说这些话的时候，态度诚恳，语气也十分真诚，同事听后绝不会怪怨她，反而事后很感激她。遇到有人向她借钱，一般情况下，她在不了解对方意图之前，会不紧不慢地说："这样啊，容我先回家和家人商量一下，好吗？"

等了解了具体情况之后，如果对方是想搞投资，她会回绝："抱歉，我对你做的投资实在不懂，我能拿出的这点儿钱，也实在起不到太大作用。并且，我们家里的情况你也知道，有老有小，必须要留储备金，没有余力帮你太多。我相信你也会理解的。"一般对方都不会再纠缠，也不会觉得面子上过不去。如果对方真的是遇到急事了，她会答应借钱。

而且，她还会事先就跟对方讲好还款的期限和方式。她认为这样对自己包括对别人都是负责的做法。比如，我知道，她当初借钱给她在墨尔本的妹妹买车的时候，也是先帮妹妹做好了一个还款规划，告诉她什么时候应该换新工作，然后什么时间开始存钱，再在什么时间开始还钱。她认为这样，既帮到了妹妹，也是在促进妹妹的成长。

在上面的故事中，凤缳是一个靠谱的人，非常值得信赖，所以真遇到难事儿了都愿意向她求助。

　　所以，我们在生活中可以善良，但请不要无谓地善良。如果经过岁月的磨砺，你稍微修炼出一些锋芒，反倒可能游刃于人际，更从容地生活。否则真碰上事儿，自己只能将自己憋成内伤。因为这个世上，有太多让我想吐槽的"低智商"的所谓"善良"了。

　　比如，缺乏常识的所谓"善良"——好心的邻居老太太为生病的人推荐各种未加验证的"偏方"，心怀慈悲的人把陆龟带到公园的池塘去放生……

　　做人要善良，但不要把自己的位置摆得太低。属于你的，要积极地争取；不属于你的，也请果断地放弃。不想做的事，不必勉强自己去做；忍了很久的事，不必一而再，再而三地忍下去。

　　不要再让别人来践踏你的底线。一味地忍让或取悦，那不是善良，而只是你不想承认的懦弱。也别再昏睡不醒，做着别人不喜欢、不会感激，你自己做不好、也不爱做的所谓"善行"。只有挺直了腰板，世界才会给你属于你的一切。

　　如果你的生活只是对世界察言观色，然后满足于眼前的苟且，如果身边的人对你的存在总是忽视，如果你的被认同只能靠委屈自己去成全别人，那么请记住我要告诉你的这一句话：

　　你当善良，且有力量。当你越来越多地选择"明哲保身"时，就不要怪你在别人眼中渐渐丧失了"立场"。"好好先生""为人 NICE（友好）"的评语，也许是朋友、同事对你的夸赞。

　　本来你觉得这样也算不错，但是如果有一天，你得知马路上那个被追打的女人是你的妻子，校园里那个被围殴的孩子是你的儿子，你是不是还要再装睡下去？你是不是希望社会上这种"好好先生"少一些?

　　同一屋不扫,又怎么可以扫天下的道理一样。想要在世间行善,要从每一个细微之处着手,善存在于每一个细节,也体现着你做人待物的尺度。让自己的善良有些力度吧。

幸福是靠努力得来的

吃亏也就是自身或财产遭受伤害、损失，而使对方占到便宜。那么为什么还有人认为吃亏是福呢？这是说：吃一堑，长一智。只是为了增加我们的社会经验，希望我们下次不要再犯类似的错误；抑或是退一步海阔天空，也只是给自己一个台阶下。

新柔过完大学生涯里的最后一个快乐生日后，开始寻找薪水优厚、前途美好的工作。如果顺利的话，她很快就会和男朋友买房结婚。对于年轻人来说，有情饮水都能饱，所以那时的她觉得天空蓝得没法想象，直到找工作的那天。那天，新柔与男友手拉着手进了招聘会现场，男友帮她投递了简历。这时，令人惊讶的一幕发生了，面试经理随手把简历丢在旁边的杂物堆里。新柔当即就来了气：你凭什么看都不看就丢掉我的简历？

妆容完美的招聘经理，用职业化却明显带着轻蔑的语气告诉新柔，她作为招聘经理有资格随便处理应聘者的简历，不需要解释。新柔愤愤地站在台前不肯走，男友感觉十分尴尬。见两人不肯走，招聘经理瞟了一眼他们后，解释道："我不需要连简历都要男友帮忙投递的员工。"男友弯腰从杂物堆里捡起新柔的简历，交给她说："我到旁边去等你。你很棒，要相信自己可以胜任这份工作。"

新柔重新递给招聘经理自己的简历，对方接过后放在一叠文件上，开始收拾东西，同时告诉新柔："有消息了我会通知你的。"新柔拿出五块钱递过去说："不管有没有好消息，请都给我打一个电话。我很想得到这份工作。如果不能，也请把坏消息告诉我。这是电话费。"

招聘经理看了看新柔，有些诧异。新柔把钱放在桌面上，挺直了背脊离开了会场。

原本以为自己不可能得到这个工作，不料，一个星期后，招聘经理给新柔打来电话："周一来上班吧，就在我的部门。试用期三个月。希望你的工作能力可以与表现出的骄傲一样让人印象深刻。"像大多数要强、不认输的大学毕业生一样，新柔到了新单位把工作放到了生活中第一的位置。娱乐、男友、朋友、亲人都是次要的。她要让看不起她的经理对自己刮目相看。

然后，现实给她狠狠地上了一课。新柔进公司策划部两个多月，经理给她安排的工作尽是打字、打印、整理资料、冲咖啡之类的杂务，没有任何技术性的事项。尽管她已经很努力，但仍没有任何可表现的机会。周而复始的琐碎工作让她烦躁不安，她开始不那么用心了，每天懒洋洋地干一些事混日子。

经理看到新柔的懈怠，把她叫到办公室后丢给她一个档案袋："该学的东西你不学，不该学的牢骚你倒是有一大堆。与其花时间抱怨，不如试试做做这个案子吧。"档案袋中的资料是关于公司新近接到的一个大案子的。新柔知道自己从来没有做过企划案，根本不可能独立完成任务。但经理却对她说："能做出来就继续在这里干，做不出来就赶紧走人。"

新柔听后真想拂袖而去，但是好不容易争取到这份工作，还什么成绩都没干出来，如果就这样轻易放弃了，短期内很难找到类似的平台了。没有退路，新柔只好逼自己在最短的时间里学会做企划案。为了掌握更多相关的专业知识，有很长一段时间，她都得加班到凌晨两三点钟。坐在幽静的格子间里，她能听到的只有敲击键盘声和自己的呼吸声。即便她想得出很好的创意，因为实践经验不够，最终也可能无法独立地完成一份漂亮的企划。但天道酬勤，多日的辛劳让她终于做出一份大致的企划案交给了经理。

结果经理把企划案按规范模式修改一遍后，署上自己的名字提交给了上级，随后的项目解说会上该项目方案非常顺利地通过，没有人知道方案的核心创意是新柔废寝忘食地做了整整一周才做出来的。经理分明是明目张胆地欺负她这个新人。但是为了不得罪经理，新柔再一次把怒火按了下来。新柔没有想到的是，之后对方变本加厉，凡是棘手的难题，都交给她处理，而且动不动就威胁她要是不愿意做就走人，这里不缺想来干的人。

通过新的经历我们不难看到，虽说"吃亏是福"，但这说法并不完全准确。一则要看你吃多大的亏，有的"吃亏"是要命的；二则常吃些小亏是可以的，对日后的生活有用，但关键看吃亏之后有无反思，有无改观。如果一味地吃亏，哪儿来的福？很快，新柔接到了职位变动通知：由于员工新柔工作认真细致，处事讲究方法，创新思维能力强，故经公司研究决定，晋升其为企划部创意中心负责人。

所以我们在生活中要看清一个问题，在一些情况下吃亏根本不是福。因为吃下去的所有的亏，即不会变成福也不会带来便宜。给自己一个底线，能吐出来的亏，就别咽下去。那些无可避免，无法挽回的亏，梗着脖子咽下去的时候，要好好地想想值得吗？总结经验，争取下次不再出现，自己总会吃一堑长一智的。该出汗该出力该拼命该委屈，做好自己。要知道，自己的福不是吃亏来的，而是自己努力得来的。

请不要再抱怨生活

生活里，抱怨很多，有人抱怨生活不如意，有人抱怨事业不顺心，有人抱怨孩子不听话，有人抱怨婚姻不幸福。每个人都有抱怨，而抱怨也各种各样，抱怨这，抱怨那，似乎这个世界就没有不可以抱怨的东西似的。

我们抱怨生活但是我们却不去改变，因为改变需要付出，付出时间、付出精力、付出心血，当我们已经习惯了当下的安逸时，我们便不想再去为了理想而追求，我们害怕吃苦，好逸恶劳从来就是人与生俱来的劣根性。我们更害怕付出之后依旧是竹篮打水一场空，我们不会关心在努力的过程中我们的生活得到了充实，我们的生命得到了丰富，我们想要的仅仅只是结果，切实得到的名与利。仅仅是人前的光鲜亮丽，鲜花和掌声。审视内心，变得缥缈而奢侈。

总挂在别人嘴上的人生，就是你的人生吗？你是什么人便会遇上什么人，你是什么人便会选择什么人。然而很多时候，你会面对一个困境：为什么别人这样做行，我做就不行？于是，你总是抱怨不停。想成为一个什么样的人，就要朝着这样的目标去努力。因为你天生脆弱，只想按部就班地工作。因为你想做无本的生意，你想坐在家里等天上掉馅饼。因为你抱怨没有机遇，机遇来到你身边的时候你又抓不住。因为贫穷，所以你自卑你退缩了，你什么都不敢做……你没有特别技能，你只有使蛮力……诚然，我们如何行动，取决于我们对世界的解读。想得多，干得少，抱怨越多，成功越远。我怕你总是挂在嘴上的许多抱怨，将会成为你人生的全部。

人之所以会抱怨，原因有很多。其中，一种情况可能是因为被人使唤、身体没有自主权，或者受了别人的气，因痛苦而抱怨。一种可能是期待落空了而抱怨，比如：妈妈希望孩子好好做作业，可孩子就是不听话；妻子希望老公能记住自己的生日，可是老公还是忘记了；婆婆希望儿媳能下班之后多做点家务，不要使唤她儿子，可是儿媳动不动就让她儿子代劳……建立于别人身上的期待被打破后，就会有抱怨，这是一种欠缺对外界的控制权的抱怨。

还有一种抱怨是这种抱怨的衍生版，即希望破碎。一个辛苦供老婆读完博士的男人，没有得到老婆的恩情回报，却被离婚。一个终日为了丈夫而忙里忙外还被嫌弃的女人，得不到自己预期中的爱的回报……如是种种。

我们不会抱怨那些不会与自己发生利害关系的对象。比如，你不能抱怨住对门邻居不理会你，因为你从来不跟别人说话；也不会抱怨邻居没有钱，因为他有钱无钱与你无关；更不会责备楼下超市的小姑娘在工作中偷懒，我不是她的老板，跟我有何利害关系？但我们肯定会抱怨男友的一些行为让我们为难，因为我们真的为难了；我们肯定会抱怨公司同事爱聊天，因为有时会影响我们的思考；我们肯定会抱怨父母不爱我们，他们总拿我们和别人做比较，打击我们的自尊或给我们制造精神压力；我们也肯定偶尔会抱怨送快递的送件延误，总是害我们白等，我们那么着急要看资料……我们还会抱怨衣服又小了，刀子又不好用了，下雪路不好走了……一切的一切，都是因为与我们有直接利害关系，才成为被我们抱怨的对象的。

然而，抱怨对改变我们的现状并没有什么用，你懂得这个道理，他也懂得这个道理，所以不要再抱怨了，也不要过别人嘴上所说的人生。也请远离那些喜欢抱怨、指责和发脾气的人，这样的人充满了负能量，只想把你拉到他们的感受里，而不是和你一起解决问题。

做个不挑剔、不抱怨的人，不要等到不可收拾时，才去后悔自己不仅浪费了情绪，还失去了自己在乎的人或工作。

我们是谁，取决于我们的行为正在让我们成为谁。当你发现你总是得到你不想得到的东西时，请站起来看看，自己是不是总在做与自己的希望背道而驰的事。当你发现自己的行为总与自己的期待不一致时，请站起来看看，自己解读世界的方法是不是出了问题。

如果我们留意一下，我们会发现无论是电视还是电影，真正让人感动的，不是主人公很轻松地获得幸福，而是他们获得幸福的过程万般艰难，我们总为他们克服艰难的勇气和智慧所感动。幸福不是那么容易，他们可以幸福，是因为他们有着我们可能不太具备的克服困境的能力，可以经历我们都不愿意去体验的艰苦过程。而我们的满足，也恰恰来自他们对一个个困难的克服上。

也许只有我们经历过后才能懂得自己最想要的是什么，但是生活没有草稿，不能够重新来过，漫漫人生我们的每一个抉择都要我们去承受后果，一往无前不能回头。错过了就是错过了。请不要再抱怨我们的生活，与其在抱怨中消亡不如现在开始努力，点燃心灯，让它会驱散我们前途的迷茫给我们希望，努力去追求自己想要的生活吧。

用适合自己的生活方式爱自己

现实当中，有很多很多话，虽然很简单，但那只是嘴上说说，我们真正理解的却很少，很多事，用别人的眼光可以看出，哪里怎样哪里怎样，可是只有自己最清楚，在这件事情上，我能怎样怎样做，只有经历了才会懂得，只有经历了才会刻骨铭心，奋斗的目标不一定都会实现，但是经历了，懂得了，记住了，那也是一种成就。

人生最可怕的是不知道自己要什么，或者人云亦云，或者依附他人，或者将别人的成功（财富、名气、影响力）简化成自己的目标（赚钱、出名、向上爬）。

然后以为这些就是自己想要的，拼命努力，却发现所有的结果都不是自己想要的，没有成为自己想要成为的那个发光发热的人。最后，既没能照亮自己的人生，也不能温暖别人的人生。人生苦短，别用不适合自己的生活方式害自己。虽然坚持自己喜欢的，不一定能很快成功；但坚持自己不喜欢的，一定很难成功。

但也有的人，工作换了无数个，却没一个能干得长久的。这个工作觉得琐碎，那个工作觉得无聊，这个工作觉得有难度，那个工作觉得心累。怎么办？

其实这是一个缺乏基础能力的问题，不单纯是喜不喜欢的问题了。比如，有的人很喜欢当演员，可是由于没有演技，只能苦哈哈地跑龙套、当配角，他也会觉得很苦、很累。到这个

时候，我们就要问自己，究竟是工作自己不喜欢，还是没有能
力干好自己喜欢的工作？

很多时候，不是我们工作的行业不适合自己，而是工作的
具体岗位不适合自己，我们必须经历过那些不适合我们的岗位，
才能胜任我们喜欢的。

元庆是一位老师，他一开始想做工程师。但是工程师有很
多种，比如设计工程师、应用工程师、测试工程师、分析工程
师等。按照他的专业方向，最适合他的职位是技术工程师。可
惜的是，他被分配到了应用工程师的岗位上。每天跑上跑下，
保存样品，做实验，做完实验后，还要拆卸检验。

这与他最初设想的工程师生涯非常不符，他每天都过得很
沮丧、很纠结，每天都无数次地问自己，如何摆脱不利环境，
冲出人生的阴霾。一天，他无意中听到公司高管对大家说的一
句话："你们有这么好的语言环境，要好好和办公室的外国专
家交流啊！"一语点醒梦中人，他决定以语言能力提升作为职
场发展的突破口。

为了克服不敢与外国人交流的心理，他每天问自己怕什么，
并对自己说，你只是小人物，别以为别人会在意你。说错了大
不了被笑话，又不会有损失。如果不去尝试，永远不知道结局
是什么。但是努力过，总会有收获，即使失败，也可以知道下
一次如何避免重蹈覆辙。

小毕开始行动。他先看中文版的工作内容，再看英文版的
工作内容。把内容搞懂后，拿着英文版去找外国专家请教。问
外国专家问题只是一个方式，学习专业性的知识和英语表达才
是重点。他给自己制订了一个计划。每天上午问一次，下午问
一次，每次两个问题，之后回家就自学，每天坚持学习英文和

专业知识四小时。

从一开始的不敢开口，到每次问问题时多听少说，再到后来的简单回应，他的口语能力逐渐提升，克服了对专业英文知识的恐惧。他的心情真是好极了，就算说到不熟悉的内容，他也不怕。因为他知道，英文只是交流的工具，讲不明白的时候，还可以做手势，实在不行，还可以写下来。他再也不去考虑其他同事的看法，有活就干，没活就找外国专家聊天，然后回家就是写英文日记。

不久，由于职位变动，他成了一名测试工程师。后来，他又做了分析工程师。最后，他由于口语能力出众，跳槽到另一家企业做质量工程师时，得到了出国深造的机会。

由于他是少有的几个能到国外接受培训的人，那些技术标准他在之前与外国专家的交流中已经有所接触，于是，他又成了一名技术工程师。那一刻他明白了，那些年打过的杂、受过的苦，都只是为了今天给他成为一名技术工程师的机会。幸运就是努力学习，努力提升自己的能力，机会出现的时候，可以抓得住。如果我们今天不去尝试，不去勇敢地面对自己、提升自己，将来老去，必定后悔不已。

有一部电影，名字叫《神迹》。主人公叫维维安，在他生活的那个时代，他只能从事最低等的职业——维修工。他父亲是个木匠，所以他干得一手漂亮的木工活，如果他在木工行业奋斗下去，可能会成为一个了不起的木匠。若他如常人那样甘于平凡，甘于自己低人一等的阶级划分，那么，人工心肺的问世，可能要延迟好多年。如果他只想在别人给予的空间里挣扎着过完一生，那么，他可能只会是一个出色的木工。

不同的是，这个小伙子有着当医生的梦想——在那个年代，当医生还是白人男性的特权。

　　为了实现上大学的梦想，维维安在高中时期便开始存钱，可惜，他存了七年的学费，却随着银行的倒闭而分文无归。他靠做维修工、清洁工来维持最基本的生计。我们无法推测如果他那年顺利地上了大学，生活是否会更为顺畅得意，但可以肯定的是，那时去霍普金斯大学给心脏外科医生巴洛克教授当清洁工并不是那么坏的一件事儿，因为巴洛克教授发现了他的才能。

　　在最初的时候，巴洛克教授并不看好这个黑人青年，甚至不认为他干得好清洗工的工作，因为他的"前任们"无一例外地让教授失望过。但维维安很快用自己异常的灵巧和聪明证明，他不应该只当一个勤杂工，他应该穿上外科技师的外衣与巴洛克教授一起工作。

　　在两人合作的头十多年里，维维安完全是巴洛克身边一个没有任何名分的助理，干的是实验室研究工作，职位等级是清洁工。妻子的抱怨，金钱的匮乏，旁人的白眼，他全忍了，因为他太热爱实验室的研究工作了。

　　后来，维维安和教授一起研究法洛四联症的根治方法。这是一种先天性心脏疾病，当时的死亡率高达百分之百，患者会全身发蓝，所以也叫蓝婴症，每年有许多儿童死于此病，只有心脏手术能挽救他们的生命，但所有人都认为那不可能做到，因为在那个时候，心脏手术相当危险，何况患病的是儿童，心脏更脆弱。

　　救人性命，是医者的天职，巴洛克和维维安不想放弃，所以在实验室从复制病情机理到寻找解决方案，然后层级递进，努力修正每一个错误。终于，他们通过分流技术，成功地在实验的小狗身上改变了血液的流向。

在之后的许多手术中，巴洛克没有维维安在身边，连手术都没法进行，因为他需要维维安站在身后凳子上，在关键时刻指导和提醒他。

终于有一天，维维安和巴洛克的油画并肩悬挂在霍普金斯大学的大厅的墙上。如果我们去百度搜获"Vivien Thomas"这个名字，你会了解他后半生的成功和获得的认可。那些都是必然的，因为他的行动，成就了他的光亮与热量。

人生需要不停地奋斗。一个不懂得奋斗的人，注定成不了大事，过着浑浑噩噩、行尸走肉般的生活，犹如失去了的灵魂后仅存的空空如也的躯壳，机械地重复着每天的生活，失去了生命的意义和价值。所以，为了不碌碌终生，我们需要奋斗终生。

第五章

生命中的每一个人都值得用爱对待

我们通过与别人的互动获取爱和营养，让灵魂变得更加充实。但是，有太多性格原因导致人与人之间出现隔阂。这些人，有的是我们的朋友，有的是我们的家人，有的是我们的同事。总之，他们是我们身边离不开的人。如果你能够善待他们，那你也一定能够获得纯粹的爱。

拥抱你的敌人

尊重，是人类社会走向文明的标志之一。在此之前，两个个体相遇，只有血腥争夺，互相厮杀。能对同类下手，就是因为没有把对方当作是和自己平等的个体来尊重。

后来人类文明逐渐发展成熟，当一个孩子还小的时候，大人就会教育他要尊敬长辈。可以说，懂得尊重他人，是人类与动物的巨大差别。

我们都懂得尊重他人的道理。问题是，当我们面对的人，是比自己贫穷、失败、愚钝或者不那么漂亮的人，甚至是不喜欢你的人，你还会像对待父母、朋友、领导那样尊重他吗？有这样一个故事，说明了尊重所有的人，是多么理所应当的事情。

有两个推销员，约翰和乔纳森，他们经常到同一家药品杂货店推销自家公司的产品。当时两家公司正是竞争十分激烈的对手，推销员之间的业务竞争也随之白热化。

每次进店找店主前，他俩都必须先经过柜台。约翰总是面带微笑地和柜台的营业员——一个卖饮料的小男孩，主动打招呼。而乔纳森就像没看见小男孩一样，板着脸大摇大摆地径直走进店主的办公室。

有一天，约翰照例到店里推销。和小男孩寒暄几句之后，约翰去找店主。不料店主对约翰说，以后不用再来推销了，因为他认为约翰公司的产品不适合自己店。约翰只能怏怏离开。

出门时，正好遇到乔纳森志得意满地进来，就像他已经预见到店主拒绝了约翰。乔纳森趾高气扬地经过小男孩，仿佛他已经成功拿下了这笔生意。

约翰沮丧地开着车在街上转悠。最后，他决定再去跟店主推销一次。到了店里时，乔纳森已经离开。这次是小男孩主动走出柜台，替约翰敲响办公室的门。店主见到约翰非常高兴，告诉他要继续购买他的商品，而且要展开长期合作。约翰喜出望外，又疑惑不解。

店主解释说，他和乔纳森先后走了之后，小男孩就到办公室里告诉他，约翰是唯一一个到店里后会跟他打招呼，尊重他的推销员。这样的人人品肯定不会差，和他做生意，会放心得多。从此以后，店主和约翰不仅成为了彼此信任的生意伙伴，也成为了亲密的好朋友。

叔本华说："要尊重每一个人，不论他是何等的卑微与可笑。要记住活在每个人身上的是和你我相同的性灵。"我们每个人都应该像故事中的约翰一样，尊重所有的人。这种尊重，与对方的身份地位无关，而事关我们自身的修养。如果面对不喜欢自己的人，也能平常心尊重之，那又是人格的另一重境界了。

张良，是汉高祖刘邦的重要谋臣，凭借过人的智谋帮助刘邦夺得天下。张良年轻时，有一天在桥上散步。一位身穿粗布麻衣的老人，走到张良身边，莫名其妙地就将鞋子扔到桥下。老人对张良不客气地说："小子，下去给我捞鞋。"张良本想事不关己，但看到对方年纪老迈，于是恭敬地到桥下把鞋子捡了起来。不料老人继续刁难，径直把脚伸了出来。张良没有生气，依旧尊重地跪了下来，为老人穿好鞋。

　　穿好后，老人一边笑一边走开。刚走不远，老人又折返对张良说："你这小子值得培养。五天后的黎明，到这里来等我。"五天后，张良如约来到桥边。但老人已经先到，于是大怒："和老人家见面还要迟到，五天以后再来！"

　　第二次，鸡刚打鸣张良就来了。哪知老人又比他先到。老人再次让他五天后再来。第三次，张良不到半夜就等在桥边。这次老人十分高兴。他拿出一本书送给张良，并对他说："好好研读这本书，你就有资格当上帝王的老师。十年后便可发迹。"这本书就是《太公兵法》，其中记载了大量军事思想的精华所在。果然，张良通过这本书学到了神机妙算、决胜千里的本事，成为千古留名的一代"谋圣"。

　　张良最初面对的，何止是不喜欢自己的人。一开始，老人甚至有些作弄、羞辱的意味。但张良维持住了自身的涵养，不仅没有暴跳如雷，反而用一次又一次的尊重赢得了老人态度的转变。当我们尊重他人的时候，他人也会受到积极的影响。

　　面对不喜欢我们的某个人，我们要做的不是丢掉自己的修养，同样恶意相向，而是从自身寻找原因。俗话说，没有无缘无故的爱，也没有无缘无故的恨。也许是我们自己某些地方做得不周，确实给了别人不喜欢的理由。哪怕改正以后，对方依旧不喜欢我们。那我们敬而远之就是。这样既不会玷污自我修养，又抓住宝贵的机会提升自己，岂不是一举两得的美事？

　　要做到懂得尊重所有的人，内心一定要简单、善良。简单就是说，要摒弃世俗的标准，不用金钱、地位、权势这些东西来衡量一个人的价值。在简单的人眼中，对方值得尊重，仅仅是因为他和自己一样，都是有血有肉的性灵。简单让我们的内心不受利益的奴役，做个善良的人。善良的人，面对他人的苛责，更容易体谅对方的处境，也更容易原谅对方，做到"心宽一寸，路宽一丈"。尊重所有人，包括那些不喜欢你的人。他们既已出现你的生命里，尊重他们，便是尊重自己。

你不是不会爱，你只是没看到别人的优点

传说上帝造人的时候，赐给每个人两只口袋。一只装着自己的优点，另一只装着自己的缺点。人们把两只袋子一前一后地背着，优点放前面，缺点放后面。所以，人们总是习惯先看到自己的优点和别人的缺点。这个故事生动地说明，我们都很容易看到甚至放大自己的长处，但对于其他人的美，却常常难以发现。究其原因，视野不够开阔导致看问题片面，心胸有些狭窄以致不能正视自己和他人，以己之长比人之短，是根源之一。

骆驼和羊是两个好朋友。骆驼嘴上不说，心里却总是认为羊长得太矮。羊呢，想法正好相反，觉得骆驼长那么高，看起来真累。有一天，两个好朋友约好在公园里玩。不知怎么，玩着玩着就说到了身材高矮的问题。骆驼自豪地说："肯定是长得高好啊！你看，这么高的树叶我都能吃到，你行吗?"说完，骆驼一仰头，轻轻松松啃下高处的一片树叶。羊很不服气地伸长脖子，却怎么也够不到。正生气时，瞥见旁边的栅栏。于是，羊立刻反驳到："还是长得矮好！不信你看!"羊跑向一旁的栅栏，躬身穿了过去，开始大嚼另一边的青草。

就在他俩争得不可开交之际，见多识广的老牛出现了。骆驼和羊争先恐后地向老牛说明情况。听完，老牛大笑："你们俩啊，都说对了，也都说错了。长得高，能吃到树叶，当然好。可是长得矮，不也能吃到另一边的青草。"骆驼和羊你看看我，

我看看你，貌似明白了什么。老牛继续说："高有高的好处，矮有矮的优点。关键在于，你用它来做什么。你们两个还是好朋友，怎么就因为这种事情争吵？"骆驼和羊相视一笑，又羞愧地低下了头。从此以后，骆驼和羊总是经常夸赞对方，他们的友情也随之变得更加亲厚。

孔子说："三人行，必有我师焉。"每个人都有自己的长处，也都有短板。而这个短板，恰恰可能是另一个人的长处。学识渊博的孔子尚且以他人为师，我们就更应该谦虚地发现别的美。

现实生活中，通过有意学习和改变，我们往往能够比较容易发现别人的优点，比如赞美一个人比自己勤奋好学。但是当这些优点为他人带来成功——比如他的勤奋让他而不是你升职加薪的时候，很多人的内心就会变得复杂起来。

阿华和阿宾是同一时期进入公司的同事。两人的性格截然不同。阿华内向沉静，喜欢自己安安静静地做事。阿宾外向大方，三言两语就能和陌生人打成一片，深受同事喜爱。一开始，阿华觉得阿宾太聒噪，那么旺盛的精力应该用在工作上才对。入职几个月之后，阿华还是只认识离自己格子间最近的三四个人，而阿宾已经成为了全公司的人气新人。看着阿宾和大家谈笑风生，阿华偶尔也会觉得像他那样挺好，开朗乐观给大家带来快乐，自己也应该试着转变一下才好。

日子就这样波澜不惊地一天一天流逝。一年后，到了年终考核的时候。阿宾顺利升职，成为项目主管，阿华却还是跟入职时一样，当个普通职员。

在阿宾的请客宴上，阿华终于爆发，向亲近的三四个同事抱怨："阿宾凭什么比我先升职？平时我的埋头苦干，大家都看不到吗？他就是嘴巴会说，把领导哄得开心，其实什么本事都没有！太不公平了。"同事纷纷劝阿华看开点。因为关系很熟，其中一位同事便一针见血地指出阿华的问题所在："你真以为阿宾没本事？你可知道刚入职时，他迅速融入公司，从老同事那里学到不少经验，比默默坐在角落的你成长得快多了。你只看到他和大家谈笑，没有看到好口才让他展示方案的时候，多么如鱼得水。你的工作能力不比他差，但怎么看不到人家的长处，更见不得别人成功啊？"

同事的一席话，让阿华无地自容。他这才意识到自己的问题。一开始他也不是没发现阿宾的优点，只是看到他成功，被嫉妒心蒙蔽了双眼。我们很多人是不是也跟阿华一样？既能承认他人的长处，又能祝福别人的成功，才是心智成熟之人应该做的事啊。

要善于发现别人的美，这种美，既来自于朋友，也来自于对手。当身边的美越来越丰富多彩，我们的生命自然会愈加喜乐。

培养发现美的能力其实并不难。首先，我们要拓展自己的视野，用发展的、辩证的眼光看待周围的人和环境。井底之蛙才会被一叶障目，不知一山还有一山高的道理。要知道自己不可能样样都是最好，在更大的世界，总有人比自己更优秀。另外，环境的不同会导致需求的变化。在此处的技能，在彼处也许就派不上用场。这个时候，其他人曾经的短处没准儿就是解决问题的钥匙。拓宽视野，发展、辩证地看待问题，做到这两点，我们的心境就会平和得多。

其次，我们要拓宽自己的心灵，用宽广的胸怀赞美他人的美与成功。心胸狭窄，见不得别人更好的人，不仅灵魂会被嫉妒之火灼伤，才能也得不到丝毫提升。只有海一般宽广的胸怀，才能让我们同时看到自己的缺点和别人的优点，从而找到通往幸福的正确道路。

最后，一定要正确认识自己，既不自大也不自卑，做个简单而幸福的人。天生我材必有用，做好自己最重要。总是挑别人刺，嫉妒他人成功的人，就像灰姑娘的后母一样丑陋，整日想着如何算计他人，自然得不到幸福。做个简单的人，好好欣赏别人的美和成功，才能从中看到幸福的花蕾。

倾听他人也是一种爱

现代社会飞速发展的科技，让人与人之间的距离变得很近，坐在家里我们就能通过网络，听到世界各地发出的声音；科技，又让我们之间的距离变得很远，远到即使同住一个屋檐下，我们也没有好好倾听对方的心声。

伏尔泰被称为"法兰西思想之王"。他曾说过，耳朵是通向心灵的路。不懂得如何倾听，以致误会一个美好的灵魂，是现代人的通病。

林克莱特在美国是一名家喻户晓的主持人。一次节目邀请了些小朋友来做访问。主持人林克莱特问其中一位小朋友："你长大以后，想做什么呀？"小朋友稚气地回答："我要做飞行员。"林克莱特和现场观众都被可爱的孩子逗笑。他接着问："如果有一天，当你驾驶着载满乘客的飞机，正穿越太平洋上空的时候，所有引擎集体熄火，这个时候你会怎么做？"小朋友想了一会儿，认真地说："首先，我会告诉乘客们系好安全带。然后，我再带上降落伞跳出去。"现场所有人立刻哄堂大笑。

小朋友的眼泪开始涌了上来。是因为被笑话了吗？林克莱特决定弄个明白。他控制住现场后，继续问小朋友："身为一名飞行员，你为什么要抛弃你的乘客呢？"小朋友的眼泪夺眶而出："不，我不是要抛弃他们。我下去拿燃料！我还会回去！我会回去的！"听到小朋友的回答，林克莱特才发现原来他的灵魂如此纯洁高尚，也为自己继续倾听下去感到庆幸。

美国通用公司前总裁卡耐基，曾说过这样一句话："一双灵巧的耳朵胜过十张能说会道的嘴巴。"这充分说明，学会倾听是一种重要的能力。耳听八方，帮助人们汲取各种知识；认真倾听，才能不错过每一个如音乐般美好的灵魂。倾听是一门艺术，掌握它，亦有原则可循。

1．耐心原则

做一件事情的时候，内心同时想着其他几件事，是现代人们经常有的状态。倾听他人并不能带来金钱那种看得见的直接利益，于是很多人就把它当成是浪费时间，越来越缺乏耐心。仔细想想，和爸妈打电话，是否总是你先挂断？爱人打算和你聊天，你是否三两句听完就开始上网？而当你躺在床上，终于有机会倾听自我的时候，是不是还抓着手机不肯放？但是，亲情、爱情、自我……难道不是比金钱、玩乐更难能可贵的东西？失去的时候再追悔莫及，根本就没有意义。别给人生留遗憾，所以，耐心倾听吧。

2．专心原则

看电影的时候不专心，前后情节会连贯不上，看了也是白看。倾听的时候不专心，就跟看电影类似，只不过这次错过的就不只是故事，而是人生了。倾听的时候要专心，既是对他人的尊重，也是对自己的尊重。不然你花费自己的时间，岂不是浪费？做一个专心地倾听者，是沟通有效进行的必要条件。

3．真心原则

如果不是真心想要关爱他人，倾听对方的心事，那势必会很容易失去耐心，更加难以专心。如同被强迫练琴的小孩，一边练一边心早就飞到九霄云外，所以我们看到多的是半途而废的事例。只有发自内心，才能真心投入。也只有真心投入，才能在倾听的过程中，对他人的喜怒哀乐感同身受，发现隐藏的美好。

一个好的倾听者，不仅能做到耐心、专心、真心，在倾听的同时，也会努力避免以下问题。

4．太把自己当旁观者，轻视他人

所谓轻视他人，就是把别人的感受不当回事。虽然说当局者迷旁观者清，作为旁观者，我们确实能看到一些别人忽略的方面，但这并不代表对方由此产生的情感不值得认真对待。轻视别人的烦恼、痛苦，会让对方感到不尊重。让本想从交谈中获得解脱的人，受到二次伤害，是一件很残忍的事情。

5．以自我为中心的价值判断

倾听之后，为他人提供自己的建议固然是善良的举动。但如果这样的建议只是站在自己的立场，而没有从被倾听者的角度思考解决之道，最后的结果就像把自己的价值观强加到他人身上一样，一不小心就会招致厌恶。更何况很多时候，当一个人向外人诉说，他真正想要的并不是别人告诉他应该怎么办，而是把内心郁结倾倒出来就好。别做过多的价值判断，才是明智的倾听之道。

6．过分热情

当一个人找人倾诉时，很大程度会选择他无比信任的人。如果我们成为这样的选择对象，应该感到幸福，但同时要警惕自己的热情之心。说与不说，说什么与说多少，那都是对方的权利，我们只要认真倾听就好。万不可让热情过分膨胀，甚至变得八卦。探听别人隐私，触及危险地带，是倾听时的大忌。

　　每个人诞生之初，都只会关注自己的感受，因此倾听变成我们必须学会的一种能力。它为我们搭建融入社会的桥梁，它替我们发现值得珍视的灵魂。当然在倾听的过程中，我们也会知道很多人性的丑陋甚至险恶，这时，请不要对人生感到失望。我们应该感谢这次机会。得以从中获得对人性的清晰认知，从而建立起自己的价值体系和防御系统，便能在今后的生活中，减少生活的伤害，增加幸福的可能。

不要幻想让人人都喜欢你

美剧《生活大爆炸》拍了一季又一季，它的精彩之处在于，总能将现实中的问题通过演员轻松幽默的方式演绎出来，给人们以反思。其中有一集说的就是好朋友佩妮和伯纳黛特之间发生矛盾，分别向共同的朋友艾米吐槽的故事。佩妮抱怨伯纳黛特管得太多，对自己的工作说三道四。而伯纳黛特则责怪佩妮辜负了自己的一片好意。夹在中间的艾米觉得，这是一个同时增加两人对自己喜爱度的机会。于是，当着佩妮的面，艾米和她一起吐槽伯纳黛特；和伯纳黛特在一起时，她又开始数落佩妮的不是。

最初几天，艾米感到特别开心。因为她认识到平时挺要好的两个人，原来也会对对方产生不满；而自己是这场闺蜜的战争中，唯一受到双方喜欢的人。但时间一长，艾米就越来越明显感觉到有个地方肯定出了问题。当她想让佩妮和伯纳黛特都对她满意时，就不得不总是做出委屈自己、迎合她们的事。小到说话方式、穿衣品味，大到价值观、人生观，她们都不相同。直到佩妮和伯纳黛特和好，艾米才得到解脱。

想让两个不同的人都满意，尚且劳心劳力，更何况是所有人。无论怎么努力、改变甚至扭曲自己，总会有百分之三十的人对你说不。每个人的先天个性和后天阅历都不相同，所以世上找不出好恶完全相同的两个人。有人喜欢吃甜豆花，有人喜欢吃咸豆花，有人喜欢吃西红柿炒鸡蛋放盐，有人喜欢放糖。

豆花有错吗，西红柿有错吗？仅仅是外界的评价标准不同而已。

　　在成长的过程中，我们已经做出很多的改变。成熟以后，每个人都是独立的个体，有权利维持和追求自己喜欢的样子。不要担心因为坚持个性而被他人讨厌，真正喜欢你的人自然会追随着你的个性之光聚集到你周围。生活已经太复杂，简简单单做自己，会更容易让人们幸福。正如英国哲学家罗素先生所说"须知参差多态，乃是幸福的本源"。

　　要坚持做自己从来都不是一件容易的事情，但绝对比让所有人都满意来得简单、快乐，也更容易活出不一样的精彩。如果让所有人都满意了，那这个人得多普通？

　　认真地想一想，自己究竟喜欢什么，想要成为什么。如果不愿意，就不要因为父母催婚随便找个人把婚结了，不要因为亲戚议论就早早把孩子生了，不要因为他人非议就草草结束自己的追梦之旅。别人的满意和自己的幸福比起来，真的没那么重要。听从内心的声音，让生活变得简单起来，才能让心灵轻松地自在飞翔。

"傻"人有时有"傻"福

中国有个成语,叫作"大智若愚",说的是某些才智很高的人,表面上看着愚笨,其实只是隐藏锋芒而已。现代社会竞争激烈,很多人害怕稍一露怯,就会失去成功的机会,因此处处表现精明,生怕别人忽略了自己的丁点儿才华。但纵观历史,我们会发现,那些真正有大胸怀,能够功成名就的人,往往是行事低调,目标坚定,不时展露"傻"气一面的人。

傻一点的,未必就是傻瓜。那些说别人傻的,才是既没智慧又没修养的笨蛋。有时候,大智若愚的人会故意在特定场合表现得傻里傻气,那是他向人们展现善意的一种方式。

有位初出茅庐的记者,幸运地得到一个采访当时某位著名政治家的机会。记者很激动,想象着通过这次报道在业界打响名号。于是采访之前做了大量的准备功课。到了约定时间,他兴奋又忐忑地来到了政治家面前。

自我介绍时,因为太紧张,记者甚至给错了名片,采访正式进行后还不时低头看看笔记。很快,服务员把咖啡端了上来。哪知服务员刚放下咖啡,政治家拿起杯子就喝。"哦,天呐,好烫!"政治家一边大声嚷道,一边将咖啡杯往桌上扔。结果咖啡又洒了出来,弄得政治家衣服湿了一大片。服务员赶紧过来替他收拾。

采访总算继续进行。政治家打算抽烟,没想到又倒着把烟塞进嘴里。这时记者提醒说:"先生,您的烟拿倒了。"政治家听完，哈哈笑笑，将烟放下。记者突然觉得，眼前这位傻头傻脑的老人，和电视上雷厉风行的政治家，真是判若两人。他笨手笨脚的样子，更像个普通人。想到这里，记者先前的紧张慌乱奇迹般消失了。后面的采访变得无比顺利，政治家也再也没打翻过任何东西。

这位政治家真像表现出的那么傻吗？其实，这一切都不过是他的刻意安排罢了。从进门的第一眼起，政治家就发现了记者的紧张。为了让对方感到放松，他才故意做出那些笨拙的举动。别人做的傻一点，你还当了真，那才是真的傻啊。

我们很多人都知道郭靖这个人物，被金庸塑造成一个有点"傻"的人。他心思简单，没有心机，总是看到别人善良的一面，对人没有防备之心，黄蓉说他傻。他勤奋踏实，不会投机取巧，更不会为了修炼武功选择旁门左道，师父说他傻。他为朋友两肋插刀，杨过想要杀他，他却仍旧视如己出，江湖说他傻。但最后，娶到俏黄蓉的是他，练成武林绝学"降龙十八掌"的是他，被江湖尊为"天下第一侠士"的还是他。金庸本人经历过人生的大起大落，见多了人情世故世态炎凉，依然能塑造出如此单纯美好的角色，不正好说明他的内心，也存在那么一丝傻气吗？

傻，是一种大智若愚，一种对外界的善意。它更是简单而美好的心灵，暴露在世人面前时，表现出的真实。从今以后，当我们再次看到有人不顾一切实现梦想的时候，当我们再次看到有人勇敢扶起摔倒的老人的时候，当我们再次看到他人坚持原则不追名逐利的时候，别笑他傻，因为他不是真的傻。

看淡名利，你才能更好地去爱人

环顾我们生活的周遭，忙忙碌碌的人们似乎总在为孰是孰非而争论不休，因患得患失而寝食难安，好像赢了真理就在你手上，得到了就成了人生赢家；然而很快，你又会陷入新一轮的是非争论，开始又一次名利追逐。人生在世，难免有输有赢，有失有得，虚无的成就之感与真切的失落之情就像是一个万劫不复的死循环，操控着你本该自由而珍贵的生命。

那么，你到底赢了谁，又得到了什么？

短暂而虚伪的快感也许会让你一时快乐，然后这种快乐也只能是昙花一现，随之而来的是源源不断的烦恼。烦恼从何而来？正是那颗厄于是非得失的心。

明代三才子之首的杨慎有一首《临江仙》的词，因成为《三国演义》主题曲而广为传颂。词曰："滚滚长江东逝水，浪花淘尽英雄。是非成败转头空。青山依旧在，几度夕阳红。白发渔樵江渚上，惯看秋月春风。一壶浊酒喜相逢。古今多少事，都付笑谈中。"很多人羡慕这种豁达而随性的人生，却也只是羡慕一下，觉得离自己生活太过遥远，转而又投入是非得失的琐事之中，殊不知这就是生活本真，只要擦去蒙在内心表面的浮躁之尘便能安然其中。简单而惬意的生活并不是梦，而我们沉溺其中的是非与得失，回头一看，才是大梦一场。

1954 的巴西足球在世界足坛上如日中天，而被视为国魂的足球在巴西人民眼中更是不可替代的光环。那一年世界杯，巴西足球队承载着全国人民的骄傲和希望出征瑞士，信心满满地宣誓要将金灿灿的奖杯带回。

然而球场如战场，成败难测，在半决赛中，巴西队输给了法国队，那个他们一步步逼近的荣耀离开了他们的视线。此时的巴西队员充满了愧疚，他们做好了准备回去接受谩骂、嘲笑和啤酒瓶。

然而当他们刚下飞机，踏上故土的那一刻，却看到这样一幕：巴西总统和两万名球迷默默站在机场，人群中有一条横幅格外显眼，上面写着："这也会过去！"受到感动的球员泪流满面，在总统和球迷的默送下离开机场。

四年后瑞典世界杯，巴西队终于将奖杯带回家乡，超过三万名球迷聚集在机场，道路两旁的欢迎者超过百万，然而人群中有一条横幅让球员们至今难忘，横幅上写着："这也会过去！"

如果是非得失成了评判足球的标准，那么世上必将又少了一项伟大的运动，以及让历史铭记的一刻。正是"这也会过去"这句来自伟大的所罗门王时代的名言，其中所包含的智慧与豁达，告诉我们，是非得失，只是过眼云烟。

范蠡弃功名利禄与西施泛舟西湖，陶渊明不为五斗米折腰采菊东篱之下，这些被传为佳话的美好故事总会让我们感慨颇深，或多或少也曾希冀人生该当如此，但往往又止于希冀，用"不现实"这样一个庸俗而懒惰的借口，埋葬内心最美丽的花朵。

越来越多的年轻人因为价值观差距太大的缘故与自己的亲人之间筑起墙垒，将是非凌驾于亲情之上，于是远离了最深情的陪伴与关怀；越来越多的情侣为鸡毛蒜皮之事而斤斤计较，总想站在爱情的"正确方"，最后不欢而散，粉碎了爱的真诚与宽容；很多上班族为了升职加薪拼命加班、出差，最终错过了孩子的成长、伴侣的青春和自己健康的身体。当你老了，头发白了，在炉火旁打盹，又该多么悔恨这虚度的人生？就像电影《人生遥控器》中的主人公迈克尔，老来回首，老泪纵横。

迈克尔是一名建筑师，有一位漂亮的老婆和两个可爱的孩子，过着大多数中产阶级家庭并不算富裕但是温馨幸福的生活。

一个偶然的机会，迈克尔得到了一个神器的遥控器，可以操控周围的一切事物的状态，包括时间和空间，除了改变过去。迈克尔被这强大的能力诱惑着，他渴望快速升职加薪，于是快进掉了自己奋斗的时间；他觉得父母的来访和唠叨太过无聊，也快进过去了；妻子的喋喋不休总是让他工作分心，他选择了静音与快进；他总是忙于工作错过孩子的成长，这些让他感到内疚的时间，他按下了快进；生活中甚至连洗澡、吃饭、睡觉他也不想经历。迈克尔统统选择了快进。

他停留的时光都是一个他愿意看到的结果，他当上了老板，过上了富豪的生活，他证明了自己的人生是对的，得到了自己想要的一切，他站在了人生巅峰。而那些真真切切的生活他完全没有经历。

终于有一天，迈克尔老了，他不记得父亲是何时去世的，妻子何时与他离婚；他被自己臃肿的身材吓到，也认不出帅气的儿子和漂亮的女儿；已经换了好几只的宠物狗让他感到陌生，周围陌生的世界让觉得无比孤独。尽管他一度想丢掉遥控器，但彼时他已无能为力而深陷其中。

最后在儿子的婚礼后，儿子一句"工作是第一位"让他陷入恐惧，老迈克尔最终为劝阻儿子不要因为工作而取消蜜月假期跑出医院，结束了这漫长而短暂的一生。

　　所幸这只是一场梦，然而真实的人生并不会重来。你所看重的是非、得失，正是那个人生遥控器上的按钮，每个人都拥有一个这样无形的遥控器，所有你已经拥有的美好都在一次次不经意地按下按钮中消逝，而最可悲的，却是你对这一切毫不自知。丢掉那个遥控器吧，那些你所在乎的是非得失不过是人生路上的魑魅魍魉，用心对待周围的人和事，追寻内心的声音，才是获得简单、幸福生活最有效的法宝。

吃亏也是一种运气

清代著名画家、文学家郑板桥，有一个远亲叫郑煊。有一次郑煊有一大批木材要去江浙销售，当时走的水路，不料中途河道搁浅，郑煊只得在焦急中等待。不久汛期来临，货船刚好可以借势顺流而下到达江浙。本来吃了河道搁浅的亏，但郑煊万没料到，正因那次河道搁浅，江浙此时的木材价格暴涨，郑煊不但没亏，反而因祸得福大赚一笔。郑板桥得知此事，颇为感慨，于是写下了那句传颂至今的勉词：吃亏是福。

如今高速运转的商品经济将我们带入一个物欲横流的时代，无论职场、社交还是生活日常，都充斥着利益之味，残酷的社会丛林法则似乎总是在提醒你：吃亏就会落后，落后就会被淘汰。

真的是这样吗？当你在一场又一场的钩心斗角中赢得了自己的利益，人与人之间最朴实的情感又还剩几何？当你争夺到了眼前一方死水，又怎能看见远方的肆意汪洋？当你为昙花一现的虚荣窃窃自喜时，还记得那片赤诚初心吗？如果错将生活当作丛林，人们内心的纯净之地必将荒草丛生。

福祸相依未可知，吃亏的人当然不是傻，只是在他们眼中，有着更为重要而珍贵的东西。

西汉开国大将之一的韩信，年少时失去了父母，靠钓鱼卖点钱和一位漂洗丝绵的老妇人的施舍维持生计。

韩信孤苦伶仃，经常受到周围人的歧视和冷遇，甚至经常被当地的少年欺负。有一次韩信被一群恶少围在路上羞辱，其中一个屠夫开始挑衅。屠夫对韩信说：你出门总是带着佩剑，但是只是充胆量，尽管你人高马大，但是胆小如鼠。屠夫又说，你真有胆量的话，就用你的佩剑来刺我；如果不敢的话，就从我的裆下钻过去。

这种羞辱当然为常人所不能忍，然而韩信收起佩剑，在众人的层层围观之下，从屠夫的裆下钻过，史称"胯下之辱"。

此后韩信饱读军书，修身养性，加入刘邦军帐，为汉王朝的建立立下赫赫战功。

后来韩信成名后有人问他当时是否真的胆小，韩信说自己并不怕他，只是没杀他的必要，若是杀了他，也就没有自己的今天。试想，倘若韩信因为不想吃亏，一时冲动杀了屠夫，必将沦为阶下囚或者亡命天涯，历史即便不会被改写，也将少了一段佳话。

韩信愿意吃亏，在于他的智慧，他深知自己的远大理想，高瞻远瞩而不纠结于眼前的小亏，当别人耻笑他的同时，他又朝着目标走进了一大步。

在我们的日常生活中，因为不想吃点小亏反而最终吃了更大亏的事情还少吗？我们总是会看到一些新闻，因为一点小利的冲突争执不下，最终大打出手，轻者两败俱伤，重者家破人亡。工作之中，总会有些员工因为不肯吃点亏去做重一点的工作，长此以往，与同事、领导关系不合，业务能力水平也不见提高，惶惶终老。友情中，我们也经常看见不愿吃亏的一方，斤斤计较一毛不拔，总想着从朋友那占点便宜，以至于朋友越来越少。爱情中，情侣发生矛盾导致最后分手，很多时候是双方都不肯吃亏，从鸡毛琐事到人生抉择都不相让，感情最终走向破灭。

　　吃亏的人并不是傻，他们远比那些精明的人聪明，他们愿意牺牲一些无关紧要的东西去做更重要的事，他们深知在人与人之间的相处中吃点亏总是福气，他们吃亏但是快乐着，同时给身边的人带来更多的快乐。多一点吃亏的人，这个世界将会更美好。

第六章

感情需要经营，会爱的人有人爱

　　这是一个物欲横流的年代。这个时代竞争和压力，这个时代的自由和自我，产生了情感不顺的倒霉者，或恋爱失败屡次碰到感情骗子，或找不到合适的结婚对象被拒之于婚姻门外，或在婚姻中饱受折磨，最后人财两空……其实，当你学会爱人的时候，这些问题就不会再困扰你了。

没有不需要经营的婚姻

小时候，曾在《格林童话》里读过王子吻醒睡美人的故事，觉得爱情是那么美好，有着梦幻般的色彩。童话故事总是以"王子和公主从此过着幸福的生活"结局，而在现实生活里，婚恋的幸福往往像那在夜空中绽放的烟火，虽有着夺目绚丽的光彩，却只拥有昙花一现的瞬间。

沉醉在爱情中的人儿常常吟唱着"死生契阔，与子成说。执子之手，与子偕老。"的誓言，很多人都想和自己的另一半白头偕老，天长地久。可事与愿违，爱情就像泥鳅一样狡猾，稍不留神，总能从我们的指缝偷偷溜走，带给我们无尽的叹息和忧愁。

在爱情里受过伤的人，大多数不是没有一颗"爱人"的心，而是不懂得怎么去"爱人"。平时，我们习惯将爱情放在口袋里，以为高喊几句"山无棱，天地合，乃敢与君绝。"就能长相厮守。殊不知，放在口袋里的爱情也要食人间烟火。要想从爱情中收获幸福，我们就必须把爱情置于空气中，阳光下，把它当作一颗小树苗，按时给它浇水，适当地为它施肥，悉心照料，全心呵护。如此，假以时日，爱情才能成长为一棵参天大树，结出丰硕甜蜜的果实，供我们品尝。

匡匡在《时有女子》里写过这样一句话："我一生渴望被人收藏好，妥善安放，细心保存。免我惊，免我苦，免我四下流离，免我无枝可依。"在我看来，这样的爱情观念显得太过于被动，并不可取。其实，要想在婚恋中获得幸福，主动权还掌握在我们自己手里，懂得经营，才能让爱情之花永开不败。

小时候，爸爸妈妈总是为了一些生活琐事吵个不停，有时候，甚至大打出手。我曾无数次目睹，在他们大吵大闹之后，妈妈总是躺在床上，对着墙壁暗自垂泪，爸爸总是蹙着眉头，像一头困兽一样，在房间里走来走去。每次吵架过后，总会有一个漫长的冷战期，日子照过，但是彼此都不愿意主动和对方搭话，仿佛谁往前迈进一步，谁就是理亏之人。

就这样，他们吵吵闹闹过了好几十年，我们三姐妹也在他们争执打闹的夹缝中艰难地长大成人。突然有一天，我们三姐妹惊奇地发现他俩不再吵架了，妈妈说话不再盛气凌人，爸爸做事不再拖拖拉拉。两个人相处和和气气，相敬如宾，再也没有因为一点鸡毛蒜皮的小事红过脸。

这实在是太神奇了！出于好奇，在我上大学的时候，我背着爸爸，偷偷地问妈妈："老妈，你和爸爸的感情怎么突然变得那么好了？我都好久没听到过你的'河东狮吼'啦！"

妈妈见我这么打趣她，眼睛一瞪，轻轻地拧了一下我的胳膊，没好气地说道："死丫头，就知道编排你娘！什么'河东狮吼'？你也太夸张了点吧！"

我"噗嗤"一声笑了出来，拽着她的手追问道："你告诉我咯，你和爸爸两个人怎么突然就这么和气了？"

妈妈见我死缠烂打，只好什么都招了，她略带感慨地答道："我和你爸爸吵了几十年，婚姻质量是一年不如一年，两个人都觉得很疲惫。最近晚上看了一部电视剧《金婚》，我们俩才恍然大悟，原来婚姻也是要靠经营的。大吵大闹根本解决不了问题，要想把日子过得舒服快乐一些，两个人相处还是和气一点比较好。"

这是我第一次从妈妈的口中听到那么那么富有哲理的话，她强势了几十年，自己的婚姻生活始终不尽如人意。没想到，一部电视剧竟然改变了她和爸爸固有的相处模式，他们终于懂的婚姻也需要经营。妈妈重新妆饰上了女性特有的温柔和顺，爸爸重拾了男人的责任心，做事越发干练利落，两个人始终和和气气地相处，不再为一些小事吵架，以免伤了彼此的脸面和感情。

其实，当婚恋双方真正将爱情和婚姻看作是一项伟大的事业的时候，两个人自然会想要去好好经营它，让它在彼此的经营中茁壮成长。而在经营的过程中，自然难免会遇到各种各样的难题，这个时候，大家就不会想着去埋怨对方，把问题归罪在一个人身上，都只会努力去找出解决问题的办法，让爱情和婚姻长久地继续下去，光彩永驻。

所以，我们不必再去羡慕他人感情的天长地久，也不必再去感叹自己感情的支离破碎，我们要做的唯有"怜取眼前人"，像经营自己的事业一样去经营自己的爱情，让它能平稳地度过一切风风雨雨，顺利抵达幸福快乐的彼岸。

有些事儿，能忘就不要记着

当朋友童安肿着一双核桃眼出现在我面前的时候，我不禁吓了一跳，现在的她脸色憔悴，神态落寞，这完全和她往日春风得意幸福快乐的大女人形象不符合呀！

我定了定神，连忙收起震惊同情的神色，以免刺伤到她的自尊心。紧接着，我从上衣的口袋里掏出一块干净的素色手帕，把还在伤心落泪的童安拉到我的身边坐下，轻轻地捏着手帕给她擦拭脸上的泪痕。

我没有急切地向她询问发生了什么事，只是安安静静地紧挨着她坐着，用自己的右手揽住她因为啜泣不断抖动的肩膀，略带安慰地轻拍着。

突然，她抬起梨花带泪的脸蛋，泪眼婆娑地向我控诉道："他怎么能这么对我呢？难道我对他还不够好吗？我每天在公司忙得连午饭都顾不上吃，下了班还要火急火燎地赶回家给他准备丰盛的晚餐，为他烧好洗澡水，我容易吗？"

童安嘴里的"他"正是她的老公林轩，他们俩结婚快一年了，平时也是恩恩爱爱如胶似漆的，可今天怎么就闹成了这样呢？

我叹了一口气，冷静地问道："安安，你们平时不是相处得好好的吗？今天到底发生什么事了，看你哭成这样！"

不问还好，听了我的话，童安的情绪又再度失控，一边大哭一边向我抱怨："他根本就不爱我，他竟然还保留着他和他前女友的书信、照片。当初要不是我爸爸的帮忙，他能有今天这样的成就吗？"

"安安，你冷静一下！不是我故意站在你老公那一边，这件事确实是你做得不对！"我心平气和地说道。

果然，童安听了，立马止住了歇斯底里的哭泣，她觉得有点不可思议，怎么连我都说这是她的错呢？

我看着她，一字一句地说道"谁没有过去呢？林轩保留了与前女友的书信和照片并不代表什么，无非是对自己记忆的一种珍惜和尊重罢了。重要的是你们的现在，他疼你、爱你才是最关键的！"

确实，谁没有过去呢？我们每一个人心里都藏了一些陈芝麻烂谷子的往事，事情已经发生过了，谁也没有办法回到过去阻止它上演。不管是朋友、情侣还是夫妻双方，都不要总是去翻彼此阅陈年老账，纠缠追问只会把对方逼入死胡同，带来毫无意义的烦恼。

所以，我对朋友童安"翻旧账"的做法十分不赞同。她老公林轩保留自己与前女友的书信、照片并不是一件罪大恶极的事情，更谈不上背叛童安。两个人相爱结婚，顺利成为一家人，并不代表也要把自己的私人空间奉献给另一半，谁都有权利保有自己的回忆。只要这份回忆不会给当下两人的感情造成实质性的伤害，它就有存在的权利。

而且，我也非常不认同朋友童安在和老公吵架的时候，时时刻刻把她爸爸对她老公的帮助挂在嘴上。这种做法无疑会给她的老公造成心理上的巨大压力，会让他觉得自己今日的成绩全是岳父大人的恩赐，这对于一个男人而言，面子上实在是有些挂不住。

　　在我看来，童安一再地重提往事，无非就是为了掌握她和老公之间关系的主动权。一吵架，她就想着去翻陈年旧账，用意其实非常简单。不过就是先声夺人，想占据心理上的优势，用过去自己的"劳心劳力，全心付出"逼迫对方感到愧疚，让对方觉得理亏，从而在争执中妥协退让。

　　童安的这种做法虽然能立竿见影，取得一时的成效，但从长远来看，实在是有太多的弊端。过分纠缠于过往，动不动就以一副"牺牲者"的姿态呈现在对方面前，双方的矛盾总有一天会激化到无从调和的地步，对方非但听不进去你自怜的"哀语怨言"，反而会心生厌恶和反感，想着逃离这份令人窒息的感情。

　　与人相处，不能总是纠缠在往事之中，最重要的是活在当下，两个人携手向前看。不管对方保留了怎样的情感回忆，也不管我们曾经为对方掏心掏肺地付出过什么，在交往中，这些都不应该被拿来当作情感的筹码。该忘记的要努力去忘记，大方一点，让往事随风，我们的幸福生活才会不断地延续下去。

你是更爱对方的样子还是心灵

通常来说，男性比女性更看重一个人的外貌形象，也最容易以貌取人。

其实，爱美之心人皆有之，这并不是什么稀奇事儿。美好的东西总是让人赏心悦目，几乎没有人能够抗拒来自美丽的诱惑。不仅如此，美丽的事物在人们的心目中还永远和好的东西联系在一起，正如一道外表看起来十分精致好看的美味佳肴，总能引得人食指大动。不管你是腰缠万贯的大富翁，还是身无分文的穷汉子，谁都不会在背后说"美丽"的坏话。

因此，在生活中，我们总会毫不意外地发现，很多人都会因为内心对"美丽"的偏爱，常常在不经意间犯下以貌取人的错误。毕竟，视觉上带来的美好只是一时的，两个人长时间的相处最重要的还是看彼此的性情是否相投。

而一个人的外在形象又并不等同于他的真实品性。外表看起来娇艳动人的，性情也可能不是那么美好；反倒是外表看起来平平淡淡普普通通的，说不定正是一块我们向往追求已久的璞玉。由此可见，我们可以从一个人的外貌上获取的资料信息实在是非常有限，外貌只是这个人整体中的一个小点，而非全部。

外表是一个人最直观的标签。不可否认，在人际往来中，一个人外表的美丽或丑陋对第一印象的塑造有着不可小觑的影响力。但是我们也应该明白，外表并不是决定人际关系好坏的最重要因素，毕竟人与人之间碰撞交锋的还是各自的品性。

正如一位哲人所说："一个人的美有十分之一是父母给予的天生丽质，而另外的十分之九则是来自那自身的心灵美。"外表美和心灵美，孰轻孰重？相信每一个人心中都有了明确的答案。由此可见，一个人内在的美丽才是最能俘获人心的法宝。

我有一位男性朋友，是一个标准的"外貌协会"成员，他一见到美女，他的瞳孔就不由自主地放大，还面带潮红，感到异常的兴奋和快乐。他曾交往过好几个女朋友，个个都有着姣好的面容，魔鬼般的身材。

有一次，在朋友聚会聊天的时候，他哀声丧气地说道："长得好看的，也只是一时养眼，相处久了，什么坏脾气都暴露出来了，简直让人忍无可忍！"

听了他这番不同往日的论调，朋友们都感到非常的惊讶，这完全不像他啊！以往的他可是一只纯粹的视觉动物。原来，那天他和交往数月的女友分手了，那个女孩性格非常强势，平时和他说话总是颐指气使，盛气凌人。日往月来，我这位朋友实在是忍受不了了，昔日看着非常舒心的美丽外表，现在比谁都来得面目可憎，于是，他对那个女孩提出了分手。

回过头来仔细想想，以貌取人的视觉动物真的是当不得。我们永远不要只凭外表去决定自己对一个人的喜恶，外貌太具有欺骗性了，唯有在现实生活中的接触来往，我们才能触摸到一个人真实的内心，才不会错过一块真正的美玉。

当爱情平淡时，要能坦然接受

美国康奈尔大学生化博士辛迪·奈克斯曾调查了 37 种不同文化氛围中生活的 5000 对夫妇，并对他们进行了医学测试，结果发现，男女双方只需要 18 至 30 个月的时间就能相识、约会甚至结婚和生子。

在辛迪·奈克斯看来，爱情不过就是大脑中的一种"化学鸡尾酒"，它是由化学物质多巴胺、苯乙胺和后叶催产素促成的，大概经历两年左右的时间，"化学鸡尾酒"就会失效。之后，恋爱双方有两条路可以选择，要么接受感情的平淡，继续携手共度余生，要么形同陌路，分道扬镳，大家再去寻找各自的"鸡尾酒"。

可是，我们每一个人对于爱情和婚姻，内心始终渴望着激情和浪漫。激情和浪漫有着动人炫目的光彩，在热恋的时候，我们每天都会对情人说"我爱你"，每天都会变着法儿给对方制造浪漫和惊喜。这时候的爱情就像漂浮在我们头顶上方的一根羽毛，我们拼命地向它吹气，希望它能在空中一直悠悠然地飘着，保持着浪漫梦幻的姿态，永远不要坠落到地上。

我们终究是要回归到现实生活中，没有谁能分分秒秒都仰起头，吹着空中的那根羽毛。这是一个美丽的梦想，激情和浪漫总有疲倦退场的那一天，即便是爱情，也有属于它自己的保鲜期，辛迪·奈克斯博士的研究已经为我们找到了答案。对于大部分人来说，爱情的保鲜期一般都只有 18 到 30 个月。

所有的海誓山盟，所有的激情澎湃，所有的浪漫缱绻，都会随着我们的马拉松式爱情长跑趋于平淡。

记得刚结婚的那一阵，我还像一个恋爱中的小女孩一样，期待着婚后生活的浪漫甜蜜。渴望老公每天上班前都会在我的耳畔轻声呢喃"宝宝，我爱你！"；渴望在情人节的那天，老公会像变魔术一样从背后掏出一大把玫瑰，把它塞进我的怀里；渴望我过生日的时候，老公会牵着我的手带我去一家充满情调的餐厅，吃着美味的佳肴，品着馥郁的红酒…

然而，生活的琐碎和平淡一次又一次击溃了我的浪漫憧憬。现实往往是，老公为了多挣点钱，总是早出晚归，来不及对我说"我爱你"；情人节的时候，老公还在外地出差，没有办法突然出现在我面前，送给我一束娇艳动人的玫瑰花；而我过生日的时候，老公即便安稳地坐在我的身边，他也未必还记得今天是我的生日。

我曾因为婚姻的平淡如白开水，无数次地向老公埋怨怄气过，直到有一天，他平静地跟我讲了一个故事，我才慢慢地心平气和起来。

有一天，女孩不甘心生活的平淡无味，终于鼓起勇气对男孩说道："我们分手吧！"

男孩慌了，忙问："为什么？"

女孩淡淡地说道："厌倦了，根本不需要任何理由。"

听了女孩的话，一个晚上，男孩都只默默地坐在沙发上抽烟，没有任何的回应。女孩见男孩闷不吭声，心也越来越凉，"他都不会说些好话挽留一下我，这种男人又能给我带来什么幸福呢？"

沉默了好久，男孩最后终于问道："告诉我，我要怎么做才能留住你?"

女孩说道:"回答我一个问题,只要你的答案能契合我的内心,我就愿意留在你的身边。假如,我非常喜欢悬崖上的一朵花,而你去摘的结果是百分之百的死亡,你还会不会把它摘给我?"

男孩仔细思考了一下,温柔地说道:"明天早上我再告诉你答案,好吗?"

早晨醒来以后,女孩穿着睡衣走到客厅,她发现温热的牛奶杯子下压着一张纸,上面是男孩俊秀有力的笔迹。

只看到第一行时,她的心犹如被人灌了一桶冷水,凉飕飕的。

"亲爱的,我不会去摘。但请容许我陈述不去摘的理由。你只会用电脑打字,却总把程序弄得一塌糊涂,然后对着键盘哭,我要留着手指给你整理程序;你出门总是忘记带钥匙,我要留着双脚跑回来给你开门;喜欢到处晃悠的你在自己的城市里都常常迷路,我要留着眼睛给你带路;你不爱出门,担心你患上自闭症,我要留着嘴巴陪你聊天;你总是盯着电脑,健康已经磨损了一部分,我要陪你一起慢慢变老,给你修剪指甲,帮你拔掉让你郁闷的白头发,我还要拉着你的手,在海边享受美丽的阳光和沙滩。"

"最后一个理由,我坚信没有一朵花,能像你的面孔那么美丽;所以,我不舍得为摘朵花而死掉,尤其在我不能确定有人比我更爱你之前。"

看到这,女孩的眼泪已经开始泛滥了,她胡乱抹了一下自己的脸,继续往下看,"亲爱的,如果你已经看完了,答案还让你满意的话,请你开门好吗?我现在正站在门外,提着你最爱吃的鲜奶面包。"

此时，女孩再也抑制不住内心的感动，拉开门，像个孩子一样跳进了男孩的怀里。

故事讲完了，老公温柔地注视着我，我早已经泣不成声了，在他温暖的怀里哭得像个干了坏事却不知所措的小姑娘。

自此，我终于明白爱情也有保鲜期，浪漫和激情并不是爱情的主心骨，平平淡淡才是真。再浓烈的爱情也会在彼此的朝夕相处中升华至温暖的亲情，渐渐地深入各自的骨髓，与我们的呼吸共存。抛开浪漫激情的外衣，只要我们细心咀嚼，最后也一定能品尝到爱情平淡中的幸福滋味。

这个世上从来就没有什么完美爱情

我们每一个人都曾向往过完美的爱情，小的时候常听大人们提起那些美好的爱情传说，自己也在童话故事里搜寻完美的爱情故事，长大了更是疯狂，浪漫的偶像剧成了慰藉自己内心憧憬的最佳精神食粮。我们总是情不自禁地幻想自己是童话故事里的白雪公主或是俊美健壮的白马王子，永远被对方宠爱着或是崇拜着，从此过着幸福浪漫的美好生活。

很多人内心都有一个关于完美爱情的美好的梦，有的人正在憧憬这个美梦的到来，在现实生活中开花结果；而有的人则是感伤这个梦与现实生活中正拥有的有着天壤之别。

在这个世界上，没有完美的爱情，因为从来没有一个完美无缺的人。

曾在一本寓言书上看到过这么一个故事，有一个男人一直在寻找一个完美的女人，可是等到他已经白发苍苍，年逾古稀的时候，他还是没有步入婚姻的殿堂。

于是，就有人好奇地问道："你寻寻觅觅了大半辈子，几乎把这个世界都找遍了，难道连一个完美的女人也没有遇到过吗？"

男人伤心落寞地回道："有一次，我是真的碰到了一个完美的女人。"

"那你为什么没有和她结婚呢？"那人听了很惊讶，既然好不容易遇到了，就应该好好把握机会，把她追求到手啊！

男人摇了摇头，无奈地说道："没有办法，她也正在寻找一个完美的男人呢！"

看完这个故事，我心里真是百感交集，故事里的男人和女人都在寻找自己完美的伴侣，他找到了她，他又不是她想要的完美的对象。由此可见，"完美"是一个非常具有主观色彩的词汇，所谓的"完美"也不过是每个人心里雕刻出来的形象。

完美之所以只能存在于传说、童话和幻想中，皆因为世界上并没有一个绝对完美的人，人性的缺陷和生活的琐碎让完美的爱情成为一个遥不可及的美梦，就像漂浮在半空中的肥皂泡泡，我们只能在阳光下静静地观赏，想要拥它入怀，它就只有破碎毁灭的悲惨结局。

心理学家说，理性的女人千万不能迷信童话式的爱情，因为在这层完美浪漫的外衣之下，充斥着谎言和欺骗。童话里的完美爱情就像裹着糖衣的麻醉剂，它让人失去了警惕和防御心理，义无反顾地把全部的希望和寄托都压在上面，一旦爱情破裂，我们将遭遇痛不欲生之苦。

过于追求爱情的完美，只会成为我们享受平凡爱情的美好的拦路虎。平凡的爱情或许没有童话故事里的爱情那么梦幻和浪漫，但是它绝对有着真实的温度和触感。在平淡的日子里，两个人相识相知和相守，十指紧扣，风雨同舟，一起去菜市场买菜，一起生火煮饭做菜，一起孕育爱的结晶，一起把宝贝抚养长大。或许有摩擦，或许会吵架，但只要彼此不放手，还是能继续携手看细水长流，儿孙成家立业。

所以，我们不要再为完美的爱情浪费彼此珍贵的年华，好好珍惜当下，找一个合适的人，谈一场温暖真实的恋爱，不在乎风花雪月，好好专注于柴米油盐酱醋茶。

当你爱 TA 时，就要学会包容

生活中，我们常常看见情侣或是夫妻在吵架后，朝着对方吼道："你根本不是我心目中的完美情人！"看似简简单单的一句话，却有着足以摧毁双方感情的巨大杀伤力。

不管是情侣，还是夫妻，当两个人在相处的过程中，逐渐意识到另一伴身上的缺点后，总会不由自主拿对方和自己心目中的完美伴侣形象作比较，一旦发现有不匹配的地方，心里就会冒出一股巨大的落差感，从而对自己的身边人感到失望。

英国的一个研究团队曾经 1000 名成人进行访问调查，调查结果发现，在恋爱初期，大部分人都处于"蜜月期"，每天都会把自己打扮得亮丽动人，举止也大方得体。可是两个人相恋七个月后，男女双方都不会想方设法在伴侣面前掩饰自己的坏习惯了，在对方面前打哈欠、放屁和挖鼻孔都是稀松平常的事情。超过百分之九十的人表示，恋情的"蜜月期"过后，在伴侣的面前，他们都会放松下来。尤其是男人，对于自己的坏习惯更是毫不顾忌地袒露在女友面前。

由此可见，当男女双方度过热恋期后，彼此将不再"晕轮"。并且，随着相处时间的增长，认识的加深，两个人互相了解得也越来越全面，越来越透彻，彼此身上的缺点和不足也日渐暴露出来。同时，恋爱中激情的冷却，会让恋爱双方的缺点和不足在彼此的眼中被无限放大，两个人都对此感到越来越难以忍受，因此，双方之间出现冲突和争执也在所难免。

在恋爱和婚姻中，男人和女人完全是两种思维动物，两者存在很大的差异。比如，男人的性格比较粗犷豪放，不拘小节，而女人的心思则非常细腻，不像男人那样粗枝大叶，一般都很看重细节；男人对待情感非常理性，注重现实，而女人对情感总是充满了幻想，喜欢浪漫梦幻的感觉。正是这些来自各个方面的差异，导致男女双方在后期的恋爱和婚姻中摩擦不断，矛盾重重。

交往后期，面对彼此差异带来的感情困扰，很多人不再像从前刚刚坠入爱河那样，学孔雀开屏，将自己最完美的一面呈现在对方眼中；也不再像热恋中那般，疯狂地放大对方身上的优点。在这个情感磨合期，大部分的人一般都会选择争吵，其中，有的人试图改变对方，想把他塑造成自己心里想要的模样，而有的人呢，干脆选择分手，紧接着继续开始下一段感情，不断寻找自己生命中的"Mr. Right"。

殊不知，每一个人心中都有一个顽固的自我，不愿意轻易接受任何人的改造。同时，更没有人是天生就为谁而生，反复的寻觅只会让我们错过这一个人，不一就定能继续碰到合适的下一个人。

其实，爱情就像捡石头，我们每一个人都想捡到一块自己喜欢且又适合自己的石头，可是我们又怎么知道什么时候才能捡到一块让自己称心如意的呢？当捡到一块有一点瑕疵的石头，难道我们就一定要把它扔掉吗？

在我看来，与其扔掉这一块略带瑕疵的，然后再去寻找另一块未知的石头，还不如好好地体会这块石头的其他优点。至于那一点点小瑕疵，只需要慢慢磨合，久而久之，彼此的感情自然能在朝夕相处中渐渐回温。

　　我和我老公结婚已经好几年了，两个人在性格上也有许多的差异。他为人比较懒散，平时不爱干家务活，除了偶尔炒炒菜，其他的比如洗碗、洗衣服、拖地等等都是我一个人的事儿。有时候，我也会感到有点不舒服，心里想着，两个人白天都要上班，凭什么一下班回家，我就得当个老妈子，任劳任怨干这个，干那个。他倒好，一屁股坐在沙发上，看他的报纸和电视。每当我一开始发脾气，碎碎念的时候，老公就会立马粘到我身上，像个小男孩一样对我撒着娇："老婆，你不要生气，我给你捶捶背好不好？"

　　老公这一招对我真的很管用，我从来是吃软不吃硬。很多时候，只要随便哄哄我，对我说几句热乎乎暖心窝的话，我就心甘情愿为一个人做牛做马。所以，在老公的好脾气面前，我总是吵不起架来，日往月来，两个人的性格不断磨合，现在感情是越来越好，非常互补。

　　因此，我很想对那些正处于情感磨合期的朋友们说几句心里话，男女之间存在各方面的差异在所难免，毕竟人无完人，我们每一个人都有自己的缺点和不足。其实，只要我们心怀一丝宽容，彼此都能包容对方身上的小缺点，能改则改，不能改的一笑而过，安然度过磨合期后，我们就能在长相厮守中收获越来越多的快乐，彼此也会越来越契合互补。

有时候，你可以放手已经没有希望的爱

前不久，我有一个朋友在失恋之后，立马就把自己的 QQ 签名"真爱就要坚持，绝不放手！"改成了"谈恋爱就像拉橡皮筋，受伤的总是不愿放手的那一个。"

我看见之后，觉得非常的意外，因为在我的印象中，好朋友小凌是一直就是一个非常坚强勇敢的女孩。不管是工作、生活还是感情，她都是一个相当有韧性的人，从不轻言放弃，像骄阳一样，浑身充满着斗志和活力。

可不知道为什么，这一次她却选择了放弃？于是，我迅速地给她打了一个电话，"小凌，你还好吧？我看见你的 QQ 签名了，有什么心事你一定要告诉我哦！"

面对我稍显急切的关心，小凌在电话那头轻轻地笑了一下，缓缓地对我说道："你不要急啦，我没出什么大事，不就是分手了嘛，没什么大不了的！"

"可是你之前从不轻言放弃的啊？"我眉头一皱，心里还是有些许的担心。

此时，电话那头的小凌突然沉默了下来，正当我想要再次开口说话的时候，电话里又传来她充满力量的声音，"以前，我也觉得爱一个人就要坚持，绝对不能放手。可是，这次情况真的不一样了，他已经爱上了别人，我再坚持也是徒劳。还不如放手，成全他和那个女人之间的爱情，也让自己从一段无望的感情泥沼中走出来，获得新生！"

听了小凌的这番感慨，我终于卸下了心里的那颗大石头。我相信，她既然能够把这次的分手看得那么透彻，那么她一定能很快地走出这段感情的阴影，在下一个转口处，重新遇见属于她的美丽的爱情。

有时候，过分执着也并不是一件什么特别美好的事儿。世界上，有多少人曾因为过分执着于一份没有结果的爱情，像飞蛾扑火那样换来遍体鳞伤。我们总以为所有的爱情都会开花结果，我们总是一厢情愿地认为"金诚所致，金石为开"，即便爱情已经走远，只要我们永不言弃绝不放手，它就一定会为我们停留。

错，错，错。爱情一旦生出了想要逃离的翅膀，不管我们怎么去尽情地挽留，也不管我们抛洒出多少不舍的泪水，它都将如黄鹤一般，一去不复返，空留我们在一旁落寞叹息。俗话说得好："强扭的瓜不甜。"爱情不会因为我们掏心掏肺地付出就回赠我们满钵的幸福，当对方不再在乎我们，当对方对我们的倾心付出不再抱有任何的感觉，这段感情就已经走到了尽头。面对这一份无望的爱，我们唯有放手让它随风而去，才能保住昔日美好的回忆，开启来日幸福的大门。

正如我的朋友小凌那般，当爱已成往事，不如学会放手，成全别人，也让自己获得新生。或许，放弃一份爱会让我们难过伤心很长一段时间，可随着时间的流逝，我们的伤痛总会慢慢痊愈，同时，还会有机会遇见对的人。倘若我们在爱情已经悄然远离的时候，还苦苦纠缠，执着于这份虚无缥缈没有未来的感情，那么我们的余生都将被自己的执念逼到毫无生机的绝境，无法自拔，痛苦不堪。

其实，当爱不能圆满时，放手就是自救。我曾在《卧虎藏龙》里看到一句非常经典的台词，"当你紧握双手，里面什么也没有，当你打开双手，世界就在你手中。"由此可见，有失必有得，换个角度看看，放弃无非是为了更好地拥有。懂得放手的人，才有机会看见狂风暴雨过后横挂天际的美丽彩虹，才能在山重水复之后，拥有柳暗花明的人生。

在爱情的世界里，爱一个人不一定非要和他厮守在一起。面对爱情，我们都是秉持着"你快乐，所以我快乐。"的心意，如果放手能让对方更快乐，我们还不如潇洒一点，转身离开，给他自由，让昔日的美好沉淀在彼此的心间，大家各自再去寻找属于自己的幸福。

至此，衷心希望每一个在无望的爱情中挣扎沉沦的朋友，都能够像我的朋友小凌那样，勇敢果断地丢掉那根爱情的橡皮筋，不要再让自己承受因过分执着带来的伤痛。要始终坚信，上帝虽然为我们关上了一扇门，但是肯定会在别处为我们打开一扇窗。

爱屋及乌，善待另一半的家庭

爱情一旦走进了婚姻的领域，它就再也不是两个人之间的事情了。倘若两个人只是彼此相爱，这不必敲锣打鼓告诉旁人，可是一旦两个人决心迈入婚姻的殿堂，那就意味着双方都多了一个爸爸和一个妈妈。撇开感情的成分不说，只从法律的角度来看，双方的家人都成为共同的家人，婚姻也不再仅仅是两个人之间的事情了，而是两家人共同的事情。

最近，朋友阿恋的女儿快满 3 岁了，我在空间上经常看到她上传她宝贝女儿的照片，粉嘟嘟的小姑娘眉眼像极了她的爸爸，十分可爱。

还记得阿恋刚怀上宝宝的那一阵，心情非常郁闷，经常打电话给我，每次都是一样的烦心事。我和阿恋是高中三年的同班同学，两个人感情非常要好，那个时候她跟她爸爸相处得不是很好，两个人经常吵架。

每次晚自习过后，只要我看见她眼圈红红的，就知道她肯定是刚和家里通过电话了。阿恋的妈妈常年在外面打工，爸爸不务正业，没有丝毫责任感，整个一大家子全靠她妈妈那点微薄的工资养活支撑。所以，阿恋非常心疼她妈妈，对她爸爸好吃懒做的性格简直是深恶痛绝。每次一和家里通电话，她都会指责他爸爸不思进取，结果两个人总是闹得不欢而散。

在这样的家庭环境里长大，阿恋比同龄人来得更加敏感脆弱，非常缺乏安全感。大学毕业之后，不过一年的光景，她很快就和恋爱三年的男友步入了婚姻的殿堂。

没过几年，阿恋就生下了一个可爱的女儿，我本以为她从此就会过上幸福快乐的生活，毕竟她现在有疼爱她的老公，还有一个可爱健康的宝宝。可是没有想到的是，她跟她婆婆相处得并不是很融洽，因为两个人在思想观念和生活方式等方面都有很大的出入，比如在带小孩子的事情上，受过高等教育的阿恋觉得不能把小孩子惯坏了，而在乡下生活了一辈子的婆婆却认为小孩子还小，多宠爱一点没什么大不了的。

就这样，阿恋非常看不惯婆婆陈旧的思想观念和生活方式，每每向老公倾诉，老公又在老娘和老婆之间左右摇摆，拿不定主意。久而久之，老公对她们婆媳之间的冲突矛盾越来越反感，总是刻意回避。于是，阿恋非常伤心，敏感又脆弱的她经常打电话向我诉苦，我听了她的故事后，安慰地对她说："你还记得当年我们读高中时，语文老师常挂在嘴边的那句话么？"

"什么话？"阿恋一时没有反应过来，使劲想了半天还是没有回忆起来。

我笑了笑，揶揄她道："亏你当时还那么喜欢那句话，'老吾老以及人之老，幼吾幼以及人之幼'，难道你忘了？"

阿恋恍然大悟地"哦"了一声，也笑了："我想起来了，我当时好喜欢这句话，觉得它的话里有着无尽的慈悲和良善。"

"是呀，你自己好好想想，你妈妈和你婆婆的观念和生活方式又能差到哪里去呢？为什么你那么爱你妈妈，对你的婆婆就不能一视同仁呢？况且你已经结婚了，你老公是你的家人，那么他的爸妈自然也是你的爸妈，你要是不能爱屋及乌，你又怎么能奢望以后你老公对你的家人好呢？"

阿恋听了我的劝解，半天不吭声，等过了好一会才支支吾吾说道："我心里确实没有把我婆婆当作自己的亲妈，而且我真的不知道该怎么去和她相处。"

"带着感恩的心态去和她相处吧，毕竟，没有她，你也没有今日爱你呵护你的老公不是吗?"

听了我这句话，阿恋释然了，"你说的对，没有我婆婆，就没有我的老公。"

其实，婚姻就是这样，不管是嫁人还是娶妻，彼此都会多了一家人。即便各自的思想观念和生活方式有很大的差别，在没有血缘关系的基础上，我们还是要学会爱屋及乌，善待伴侣的家人。只有这样，夫妻之间的关系才能长久地维系下去，夫妻间的幸福快乐才有了坚实的保障。

血缘是与生俱来的，阿恋的老公不能因为自己的母亲和老婆有争执，就舍弃含辛茹苦拉扯自己长大成人的母亲。相信阿恋现在也已经明白了这一点，一味地让老公夹在她和婆婆中间左右为难，只会让幸福甜蜜的家庭陷入重重困境。

我相信，阿恋肯定也希望老公把她自己的父母当作亲爸亲妈来疼，将心比心，她自己也应该"老吾老以及人之老"，发自内心地去孝顺心疼公婆。不管是在言语上，还是行动上，阿恋都应该给予公婆应有的尊重。

俗话说得好，家有一老，如有一宝，老人很多时候就跟小孩一样，只要我们平时多多关心他们，多说些亲热的话哄哄他们，逗逗他们，他们就会非常开心。而彼此那些生活方式和思想观念上的小摩擦，都是可以通过良好的沟通交流化解的。因此，敞开心扉，努力去尊重和接纳他（她）的家人吧，爱他（她），就爱屋及乌，永远对他（她）的家人好。

不要在爱情中迷失了自己

元代文学家元好问曾在一首词中写道："问世间、情是何物，直教生死相许？"正是这样一种执着与痴情，让世上许多痴儿怨女衣带渐宽终不悔，为爱消得人憔悴。可是，我们再爱一个人，如果不能在爱情中保持"自我"，那迟早会在爱中迷失，被心上人弃之如敝屣。

常听人说，陷入热恋中的女人智商通常都为零，容易为爱痴狂，总是把心爱的男人当作生活的全部，彻底地迷失了自我。其实，深爱一个人并没有错，只是一旦爱得太过忘我，在对方眼里，爱情就会变得不再充满魔力，如同鸡肋，食之无味。

而对于这种失去"自我"的苦楚，我相信自己比很多人都有发言权。

我是家里的老幺，从小到大，我比两个姐姐都显得更加独立孤僻。很多时候，我在人际关系中常常扮演着"情绪垃圾桶"的倾听者角色，不管是姐姐们，还是我的挚交好友，甚至是从未谋面的陌生人，都喜欢找我聊心事。而我自己，似乎从来都不爱对他人倾吐心事，总是自己一个人默默消化。

也是正是因为这样的性格，使得我在选择伴侣的时候更加严格挑剔，只要我喜欢上的人，就会被我打上"唯一"的烙印，我会把内心所有的情都感寄托在他一个人身上。就这样，他渐渐成为了我生活中乐趣的唯一来源。我为他哭，为他笑，在乎他的一言一行，关注他的一颦一笑，还喜欢和他时时刻刻粘在一起。

　　一时间，我不再和以前的好友保持密切的联系，我也不再一个人出去踏青远足，他站在了我的世界中心，我的目光随时追随着他。久而久之，这种过度的痴恋和忘我的付出给他带来了巨大的困扰，他感觉自己被人拿绳索捆住了手脚，动弹不得。

　　于是，有一天，他郑重地对我说道："对不起，我们分手吧！你的爱和关注我实在承受不起，它让我感到窒息。"

　　当我听到这句话后，我感到天旋地转，内心固守的爱情城堡一下子变得支离破碎，眼泪就像决堤的河水，一发不可收拾。我不明白的是，我那么爱他，爱得那么纯粹坚定，甚至把他当作生命中的"唯一"，他怎么能如此残忍地撕裂我几近于"信仰"的感情呢？

　　面对我无声的控诉，他无奈地说道："当初吸引我的正是你的独立和知性，可你的情感过于偏执了，我们俩不可能每分每秒都绑在一块。我也想要我的私人空间，我也要偶尔和我的朋友出去打打球，喝喝茶。"

　　他注视着我的泪眼，顿了顿，继续说道："你是一个很善良的女孩，只是，生活也需要情趣，情侣之间更是如此。我并不需要一颗没有自我的灵魂，这太乏味了，而且让人心里负累，感觉像是枷锁。"

　　他的话，犹如一颗颗迎面而来的子弹，密密麻麻地打在了我的心头。原来，我爱他不仅已经爱到失去了自我，还让他感觉到了乏味和负累，这是多么痛的领悟啊！

　　自从经历了那次感情失败之后，我伤心难受了很长一段时间，整天躲在房间里以泪洗面，顾影自怜。终于有一位好友看不过去了，她带着恨铁不成钢的语气对我说道："哭有什么用？

你自己都不爱你自己，怎么还能奢望别人来珍爱你呢？自我并不是自私，你有自我，别人才有疼爱珍惜你的机会啊！"

朋友的话如同焦雷一般，让我的脑子一下子清醒了过来。一直以来，我总以为爱一个人就要全心全意地对他付出，自私是我向来嗤之以鼻的东西。我喜欢当情绪垃圾桶，不喜欢对别人倾诉，很大程度上是因为不想给别人带来麻烦，所以宁愿委屈自己。可这样的性格实在是拥有太多弊端了，它让我在爱情中失去自我，一味地妥协退让，一味地忽略自己关爱对方，只会让自我越来越没有光彩，别人非但不喜欢，还会觉得是一种心理负担。

美国金赛性研究所著名性心理学家威廉·汉金博士认为，要想获得幸福的婚姻，秘诀之一就是要在夫妻关系中保持自我。在我看来，不仅要在婚姻中要保持自我，恋爱也是如此。很多人一旦陷入爱情，就会不由自主地放弃自我，同时，还想要对方跟自己一样也放弃自我，两个人融为一体。这就好比，现在很多女孩子穿衣打扮都不是为了让自己赏心悦目，而是"女为己悦者容"，总是把情人的意愿放在第一位。

其实，这种为爱过度牺牲自我的做法并不可取，因为它违背了爱情的初衷。正如我那位男友对我说的，当初吸引他的正是我的独立和知性，一旦这些特质在爱情中消失不见，爱情的地位也会随之岌岌可危。失去自我不仅会让我们感到脆弱无助，更会让对方倍受压抑和束缚，于己于人，并没有太大的好处。所以，在面对爱情的时候，我们每一个人都要保持必要的矜持和克制，拥有自我的灵魂，学会爱自己，才能更好地去爱别人。

警惕爱情中的"第三者"

人人都需要朋友,不管是男人,还是女人。在现实生活中,大多数人拥有的同性朋友在数量上要远远多于异性朋友,这是一个无可争议的事实。尽管如此,我们每个人的身边都或多或少存在几个异性朋友,经常和异性朋友来往交流的人,还会受到异性思维的启发,思路变得日渐开阔,为人也越来越有包容心。

可是,很多人又说"男女之间不存在真正的友情",那么当我们恋爱或是结婚之后,还能和伴侣以外的异性朋友交往吗?

结交异性朋友是每一个人的心理需求,在人际交往中往往也难以避免,不管是恋爱前还是恋爱后,也不管是婚前还是婚后,谁都有结交异性朋友的权利。异性朋友不仅能给我们带来精神生活上的营养补给,还能以一种局外人的身份给我们的爱情和婚姻生活提出良好的建议。

至于"男女之间不存在真正的友谊"的这种论调,在我看来,更是毫无科学的理论依据。只要我们能拿捏好异性交往之间的一个"度",保持一定的距离,不过分亲昵,并时时做好与伴侣之间的信任工作,相互理解,异性之间的正常交往其实会给我们带来许许多多的便利。

因此,为了不让彼此的异性朋友插足成为我们爱情和婚姻生活中的"第三者",我们一定要时时刻刻做到以下两点。

第一,对待伴侣的异性朋友一定要大度,双方最好都能把各自的异性朋友介绍给伴侣认识，让他们也成为好朋友。这样一来，既不会干扰到自己正常的人际关系，也不会破坏自己和伴侣之间的感情，反而还能让彼此间的信任又上升到一个高度，可以说是一举三得。

第二，与异性交往必须拿捏好"度"，言行举止一定要合乎规矩。毕竟，在现实生活中，许多的异性交往从刚开始纯粹的友情，慢慢变质，变得非常的暧昧，从而导致"小三"插足，破坏了其中一方的恋情或是婚姻关系。因此，我们不能和异性朋友走得过近，让伴侣失去安全感，丢掉了他们对我们宝贵的信任。

总而言之，恋爱后、婚后的异性交往能给我们带来许多的好处，只要我们能拿捏好这两个"度"，用心经营自己的婚姻和友情，就不会意外地出现异性朋友插足成"第三者"的窘境。

女人，请做一个爱自己的人

在周星驰主演的香港喜剧电影《家有喜事》中，吴君如饰演的程大嫂这个"黄脸婆"的角色曾给我很深的印象。程大嫂是一个典型的家庭主妇，老公常满在外面工作养家，她在家里尽心尽力地服侍公公婆婆，洗衣、做饭、拖地和修马桶无一不是她的活儿。

唯一让常满不满意的就是，他的老婆程大嫂是一个彻头彻尾不懂打扮，每天都蓬头垢面的"黄脸婆"。他会被程大嫂满脸的黄泥面膜吓得在一旁直哆嗦，也会被程大嫂五音不全的歌声吵得睡不了觉，更会因为在结婚纪念日的时候，带程大嫂去高档餐厅吃饭，她却看着菜单直呼浪费，最后小家子气地点了一盘蛋炒饭而觉得没面子。

于是乎，这样一个厌恶自家"黄脸婆"没情趣的男人，最终在娇蛮情人的一个电话下，撒谎把傻愣愣的程大嫂哄回了家，自己则温言软语低三下四地和小情人赔礼道歉，共进美味佳肴。

我相信，很多人看到这里的时候，都会替贤惠的程大嫂感到不值得，一边怒骂常满的"没良心"，斥责他是一个"负心汉"，一边为被蒙在鼓里，还想着替老公省钱的程大嫂暗自垂泪。我个人的反应其实也差不多，不过当时和我一起看电影的老公却对我说，程大嫂和常满的婚姻走到今天这一步，两个人其实都要负责任。

老公的话让我感到非常不解，我不服气地争辩道："男人想要女人下得厨房，又想要女人上得厅堂，难道不过分吗？"

"常满固然有错，可是程大嫂完全可以调整平衡一下操持家务和收拾自己这两件事的比例啊！茶米油盐和婚姻情趣一点也不会冲突，只要掌握好方法，女人随便撒个娇，男人都能为她当牛做马。"

老公的一席话让我感觉醍醐灌顶，如获真知。故事发展到后面，程大嫂在小叔子的鼓动下，坐着计程车离开了程家，伤心欲绝满心自卑的她最后决定彻底地改头换面，把自己打扮得光鲜亮丽，娇艳动人。有一次，她在歌厅遇到了老公常满，戏剧化的是，常满竟然没有在第一时间认出来她是谁。

摆脱了"黄脸婆"称号的程大嫂，从此不再对老公常满唯唯诺诺，角色突然反转，反倒是常满对着充满自信神采奕奕的程大嫂趋之若鹜。

在现实生活中，女人踏入了婚姻之后，婚前的风花雪月一下子消失不见，接踵而至的是柴米油盐。很多女人就和电影中的程大嫂一样，结婚后，安心做一个贤妻良母，操持家务，服侍公婆，伺候老公。

可是，也不知道从哪一天开始，以前镜子里的那个穿着漂亮衣裳，扑着粉红脸蛋，娇羞动人的自己哪里去了，取而代之的，是一个连自己也不忍目睹的皮肤粗糙、肤色暗沉的"黄脸婆"。不仅如此，常年埋首在单调枯燥的柴米油盐的生活中，更是让人丧失了对爱情和婚姻的激情和情趣，从此再也不会为伴侣怦然心动。

因此，为了让我们的生活重新焕发光彩，时常给自己的爱情和婚姻贴贴情趣面膜就显得尤为重要了。就像我老公所说的，茶米油盐和婚姻情趣一点也不会冲突。只要我们平时在自己的爱情和婚姻中多花一点心思，一定能让生活充满情趣，成功的拴住伴侣的心。

除此之外，我们一定要明白，百分之九十九的男人都喜欢会撒娇的女人。因为，会撒娇的女人最能够欣赏和夸奖男人的能力，一两句娇滴滴的软话，就能让一个铁汉百炼钢成绕指柔。

其实，当一个爱情和婚姻中的"黄脸婆"，女人和男人都不会从中获益。只有当我们在柴米油盐的平凡生活中，时不时给自己干瘪的爱情和婚姻贴上一张情趣面膜，我们才能让彼此的关系水水嫩嫩，永保新鲜。

第七章

学会去爱你身边的每一个朋友

朋友是我们人生中必不可少的组成部分。我们的同事、同学以及结交的陌生人都可以说是朋友。有这么一句话，当你爱你的朋友时，你的朋友也会爱你，而当你厌恶他们的时候，他们也会离你而去。所以，学会爱身边的每一个朋友，这会让你收获满满的友谊之爱。当然，并不是所有的人都可以成为你的朋友，所以你必须要让自己变得更加理智和清醒。

你的圈子在哪儿，你的人生出路就在哪儿

亚洲顶级演说家陈安之曾说："想成功，就要和成功的人在一起；想快乐的人，需要跟快乐的人在一起；想拥有健康的人，他需要跟健康的人在一起。"只有找对朋友圈子，我们才能挖掘出自身的潜质，成为我们想要成为的人。

当我们出生的那一天，家庭就成为了我们人生中的第一个圈子，在这个家庭环境中，我们开始塑造自己的个人形象。长大之后，我们背起了行囊，离开了庇佑保护我们的家人，独自在竞争日益激烈的社会上打拼奋斗。此时，如果我们想让自己变得更加强大，那么只有找到一个适合自己的朋友圈子，在这个圈子里分享到更多的社会资源，拓展人脉，结识到一群帮助我们自信腾飞的朋友。

为什么找对朋友圈子对我们来说那么重要呢？科学研究认为："人是唯一能接受暗示的动物。"从这句话中，我们可以看出一个良好的朋友圈子能给我们带来积极的暗示，我们置身其中，与这个圈子里的朋友来往交流，久而久之，自己的内在潜能也会被激发出来，促使我们奋发向上，积极进取。反之，倘若我们踏入了一个错误的朋友圈子，就只会和这些人一起浪费宝贵的生命，蹉跎时光，颓废潦倒，毫无作为。

我的外甥曾在县一中读书，他是打篮球的体育特长生，为了考取一个国家二级运动员的资格证明，他转校去了娄底一所高中读书，准备在那所学校一边念书一边打篮球。只要到时候

跟随娄底这所学校的校篮球队外出参加比赛打篮球，他就有机会拿到二级运动员的资格证明，然后顺利考取一所重点本科大学。

没想到的是，外甥转校过去的娄底那所学校的学习氛围一点也不好，学校领导对学生的日常管理也不够严格，所以很多学生经常跑到学校外面网吧、游戏厅、KTV以及桌球室逗留玩耍，每天都不务正业，不思学习。外甥渐渐地也跟这群学生朋友混到了一块，三五不时就跑出去玩，有时候晚上一下自习，竟然还一起摸黑翻墙出去上网。

就这样，外甥的学习成绩一落千丈，本来就比较薄弱的学习底子更是雪上加霜，打篮球也不再上心，教练为此都批评了他好几次，可是他还是不思悔改。

外甥的爸妈得知这件事后，立马开车赶到了学校，几经考虑，他们决定还是把外甥带回原来的县一中，让他在那里好好学习。县一中的学习氛围非常浓厚，外甥的周围坐着的都是班上埋头读书的好学生，外甥平时也只能和他们沟通来往。就这样过了一段时间，在这些同学的热心帮助下，外甥的学习成绩逐渐有了起色，不再像之前那样只知道吃喝玩乐了。

人们常说，你和什么样的人相处，便容易成为什么样的人。我觉得这句话非常在理，我外甥的经历就非常直观地说明了这一点。要是当初我外甥的爸妈没有把他送回县一中去念书，恐怕他现在还扎堆在那个不思进取的朋友圈子里，自甘堕落。

古代有"孟母三迁"的故事，说的也正是这个理儿。什么样的圈子决定了什么样的人生，跟着羊就只能吃草，跟着狼才能吃肉。初入社会，个人的力量总是太过于渺小薄弱，要想生存下来，关键还在于朋友。找对了一个好的朋友圈子，我们才有了遮风挡雨的坚实堡垒，我们才能在这个堡垒中模仿和借鉴其他人的言行举止，为自己充电补给能量。

人是一种群居性的动物，没有谁能脱离一个群体而独立生存。原始部落的建立，也正是为了借助群体的力量去抵御外敌，维持生存。正如人有五指，一根指头只能去戳戳别人，五根手指合在一起就能变成一个充满力量的拳头，在危险困难面前，才有了对抗的底气和勇气。

正所谓："众人拾柴火焰高"由此可见，志趣相投的朋友一起分工合作，往往能事半功倍。当我们选对一个朋友圈子时，就能跟这圈子里的人一样，连带分享了圈子里的各种人脉、信息、利益等等资源。如此，当我们想要做一件事时，就再也不会碰上"巧妇难为无米之炊"这样的倒霉窘境了，朋友圈子里的资源大可为我所用，信手拈来，万事俱备，还愁事不成吗？

不可盲目交友，人品最重要

如果有人问我交朋友最看重什么，我的答案一定是掷地有声的两个字：人品。因为在我看来，一个人的人品就好比一座大厦的根基，人品不好，大厦的根基也不牢，要是遇上一点事，迟早地动山摇。

其实，人品正是一个人的基石和底色，我们要想在人际关系中获得别人的欣赏和青睐，就必须先好好地打磨锤炼一下自己的人品。有了好人品，就等于开了一朵娇艳动人芬芳四溢的鲜花，朋友才会像蜜蜂和蝴蝶那样闻香而来，翩翩起舞。

曾看过这么一个笑话。有一个人好吃懒做，家里穷得都快揭不开锅了，饥饿交加之际，他只好跪在地上，不停地向上帝祷告，嘴里念念有词："仁慈的上帝啊，求您发发慈悲，让我中个一百万吧！只要您能让我从此脱离这贫困的窘境，我甘心成为您的奴仆，日日夜夜在您面前祷告，感激您的大恩大德！万能的主啊，求您让我中个大奖吧！"

上帝听到了他的虔诚祷告，无奈一笑，长叹一口气说道："我倒是很想助他一臂之力，可是他好歹也先去买一张彩票啊！"

这个故事非常幽默，其中蕴含的道理也十分简单。我们想中个一百万的大奖也不是没可能，但前提条件是我们必须先去买一张彩票，倘若手上连一张彩票都没有，又哪来的巨额大奖呢？同样的道理，如果我们要想结识到好朋友，首先就要把自己的人品打磨得光彩夺目，让别人看着舒心加放心。

结交朋友也正是如此，人品应该是我们考量一个人的重要因素之一。与品格良好的人做朋友，我们不用担心他会两面三刀，更不用害怕他在背后放冷箭，相处交流起来完全可以高枕无忧，就像吃了一颗定心丸。

前几天，我一个大学同学打电话告诉我她换工作了，工作环境和工资待遇都比之前那份工作要好几倍。听了她的话，我也由衷地为她感到高兴。

不过，我很好奇，就这么短短几天的时间，她怎么那么快就找到了让自己心满意足的工作呢？"小丽，你可真是神速啊！才几天的工夫，你就找到这么一个好工作啦！"

小丽听了，乐呵呵地在电话那头傻笑，"这次多亏一个家长帮忙，不然我又得在网上疯狂投简历，还要瞎晃人才市场呢！"

小丽大学毕业之后，酷爱教育行业的她阴错阳差地进了一家托管托教学堂当辅导老师，就这样工作了好几年，最近她老想着换一份待遇稍微好一点的工作，没想到才几天的时间，她就找到合适的岗位了。

"哪个家长帮你啦？他怎么那么好帮你介绍工作呀？"我好奇地问道。

小丽"咯咯"地笑了两下，轻快地说道："我之前不是跟你说过，有一个学生的家长总是夸我工作认真，性情温和，为人朴实可靠么？这次，她一听说我想要换一个工作，就把我介绍到她朋友的公司里去做编辑助理了。"

我一听，立马就知道是怎么一回事了，笑着对小丽说："人品好就是走俏，不用找工作，工作自动送上门来，果然是'酒香不怕巷子深'呀！"

小丽一听到我略带俏皮的夸奖赞美，也在电话里哈哈大笑起来。

由此可见，一个人要是拥有好人品，确实能给周围的人带来安全感和信赖感，人们也非常乐意和他来往，关键时刻更愿意雪中送炭，给予他适时有用的帮助。我的朋友小丽为人可靠，做事认真，她的人品在工作中展现得淋漓尽致，学生的家长看在眼里，自然对她多了一份欣赏和喜欢。小丽今日能收获到一份满意的好工作，不仅要感谢那位帮助她的学生家长，更要感激自己的好人品，正是因为她自己的好人品，别人才愿意和她打交道，交朋友。

因此，我们每一个人在结交朋友的时候，一定要把好"人品"这道关。人品好的朋友大多心地善良，真诚友善，忠诚朴实，和他们来往心安快乐。不仅如此，交上了人品好的朋友，也等于替自己穿上了一件光鲜亮丽的名牌衣裳，在别人的眼里，我们的身份和地位自然又上升了一个档次。

别奢望任何人都做你的朋友

现在社会，流行这么一句话："成功只有 20% 靠的是能力，还有 80% 靠的是人脉。"拥有了丰富的人脉资源，我们才能建立四通八达的人脉网络，有了庞大的人脉网络，我们办事只需要向这个圈子递一个眼神，传一句话，遍布五湖四海的朋友就会随叫随到，为我们排忧解难。

相信抱有这样想法的人不在少数。在他们看来，广泛的人脉网络就等于广交四方的朋友，所以只要拥有了这么一个人脉圈子，成功自然是手到擒来。于是乎，很多人开始疯狂地到处去结识各种人，建立属于自己的人脉网，以为这样就能网住自己想要的任何东西。

生活中，我们也常常听到身边总有人吹嘘自己"相交满天下"，夸下海口，只要有事需要朋友帮忙，随便一个电话就能搞定。可当他真的陷入困境，急需朋友帮助时，却没有一个人愿意为他雪中送炭。自以为是的那张人脉网不过是一片蜘蛛网，风吹雨打都扛不住，何况接住一个大活人呢？

由此可见，人脉网络和朋友之间根本划不上一个大大的等号。即便我们在平时的人际交往中认识了许多人，这些人看似替我们编织了一张人脉大网，其实里面并没有几个能在关键时刻对我们伸出援手的知心朋友。这就好比网络给我们带来了海量信息，我们在这信息大海里却找不到真正的知识，只能活生生被它淹没。

有一天，我和老公在外面逛街，迎面走来一个戴着墨镜的女人，低着头走路，擦肩而过的时候，我不经意间瞟了她一眼。

咦？这不是老公以前公司的同事林强的老婆王丹吗？我赶紧拽住了老公的手臂，拿自个儿的手肘顶了一下他的腰，好奇地问道："你看，你看，那是不是王丹？"

老公停住了脚步，朝我指的方向看去，点了点头说道："有点像，你要过去打招呼吗？"

我刚要说"好"，这时，突然听见那边有人在喊叫，"有人晕倒了，快来人啊！"

我和老公听了，连忙赶了过去，仔细看了看倒在地上的女人的面孔，我们两个人都大吃一惊，这不正是王丹吗？她的脸色咋那么苍白啊？

眼见着围上来的群众越来越多，我和老公急急忙忙把王丹送去了医院，他还特地打了个电话通知了林强。

林强赶到医院后，老公就严肃地对他说："老林，你是怎么搞的？医生刚才告诉我，你媳妇之所以晕倒，是因为最近劳累过度营养不良！"

听了我老公的话，林强的眉头立马皱得跟两个小山峰似的，我这才注意到他的气色其实也并不是很好，胡子拉碴，眼睛布满了血丝，红得简直快滴出血来了。

"刘哥，我也没想到会弄成这样，真的……我对不起我老婆！"林强说着说着，就开始哽咽起来。

老公随即舒缓了一下神色，拍了拍他抖动的肩膀，安慰地说道："你别哭，有话慢慢说，总有解决的办法的！"

原来，林强一直想在事业上干出一番成就，所以一有时间他就到处参加各种饭局和酒局，想着能结识一些大老板，拓展自己的人脉网络。没想到，他把每个月辛苦挣来的那点工资全砸在请朋友喝酒、吃饭和唱歌上面了，不仅没办法补贴家用，还得从他老婆王丹手里时不时地拿钱去周济自己。本来王丹平时要在家带孩子就已经很辛苦了，晚上还得去上夜班，作息时间颠倒，身体也就跟着垮下来了。

"那你结识到什么朋友了吗?"我老公无奈地问了一句。

林强摇了摇头，感叹地说道："我以为频繁地出去应酬，就能把人脉网络打开，遍地都是朋友。现在才恍然大悟，钱没了，老婆生病了，那些看起来很广的人脉，也不过就是一面之缘的过路人，根本称不上朋友。"

人脉发达，却没有朋友。这是多么可悲的一个现状啊! 人们屡屡现身在各类交际场合里，每天都会认识许多的新面孔，平时更是要花上大部分的时间和精力去打理这些人际泡沫。由此可见，即便我们平时呼朋唤友，觥筹交错，这都只是一个数量上的海市蜃楼，并不等同于朋友的质量和交心程度。正如我老公的前同事林强一样，忽略自己身边的亲朋好友，把大量的时间和金钱浪费在虚无缥缈的人脉网络上，最终还是伤害了自己最亲的家人，沾染上了满身的人际泡沫。

其实，归根结底，还是因为我们没有弄清楚人脉网络和朋友之间真正的区别所在，一味地去追求人脉的广阔，却忽略了朋友的实质。浅层交往不会给我们带来真正的友情，只有擦亮眼睛，发自内心地去寻求我们欣赏的朋友，用心经营，我们才能收获不一样的真心人脉。

有些人注定只是生命的过客

从孩提时代，我们一路懵懂走到今天，有的还在大学的象牙塔里憧憬着美好的未来，有的已经步入社会，在职场上摸爬滚打，企图闯出一番骄人成绩，还有的更是渐渐地为人父母，成天细数着柴米油盐酱醋茶。

不管是在人生的哪一个阶段，我们都会不断地与人相识和相知，因此，我们有了许许多多的朋友。可是，真正能长期与我们的生命有所交集的终归还是那么几个人，大部分的朋友都注定只是过客，匆匆登台，草草谢幕。之后，能让我们回忆反刍的也仅仅是一些短暂零星的画面，犹如蜻蜓点水，转瞬即逝，仿佛他们都不曾来过。

或许很多人都会觉得这难以接受，可事实就是如此。时光在直线行走，社会的变化更是日新月异，我们嘴里念叨的"朋友"二字，也早已经失去了它最初拥有的沉甸甸的含金量。

在信息社会，器物文明每时每刻都在顶峰喧嚣着自己的霸主地位，我们无一不是它霸权主义下的俘虏。我们用着它所赐予的手机、电脑等各种通讯工具，通过这些工具，我们能在眨眼的工夫就认识一个陌生人。

而这些陌生人，也被我们顺理成章地冠上"朋友"的高帽，尽管他们与我们的生活从未有过任何交集，尽管他们不曾与我们有过朝夕相处患难与共的经历，尽管他们不是我们内心真正欣赏投缘的灵魂知己。

　　不仅如此，高速运转的社会，往往带来频繁的交际应酬。在交际场合，我们与形形色色的人推杯换盏，笑语喧阗，"朋友"这个富含人情味的词早已经被应酬交际压榨得只剩下一个干扁的躯壳。很多时候，当我们指着身边的一个人，微笑着对别人说："这是我的朋友"时，其实，这个所谓的"朋友"不过与我们仅有一面之缘罢了。

　　对于我个人而言，"朋友"二字异常珍贵，以至于在我的QQ上，还专门分了两类，一类备注是挚交好友，一类备注则是寻常过客。我的心犹如明镜一般清晰透亮，孰轻孰重，从来都没有过含糊不清的时候。在我看来，每一个人的一生都跟螺旋一样，360度旋转开来，每一分每一秒都会碰上不同的风景不同的人。倘若我们把自己遇到的每一个人都称之为"朋友"，那未免有点饥不择食，重量不重质了。

　　我一个大学室友小青，来自美丽的蒙古草原。她虽不是正宗的蒙古族，却有着蒙古人独有的大方爽朗的性格。初来乍到，背井离乡的她渴望在异乡结识一位能陪伴她走过四年大学生活的好友，于是，她和寝室里一个同样来自北方的天津女孩儿小容就这样走到了一起。

　　刚开始的时候，她们两个人天天一起去食堂吃饭，一起去教室上课，周末的时候，还一起出去逛街买东西。在别人的眼里，她俩总是形影不离，感情好得就像亲姐妹一样。

　　没过多久，小容恋爱了，天天沉浸在热恋的甜蜜之中，渐渐地因为男友把小青抛到了一边。小青从此就像一只落魄的孤雁，时常唉声叹气，有一天，她突然感慨地对我说道："有时候，真心觉得自己实在是太廉价了。小容需要我陪她去干个什么事的时候，我总是随叫随到，而我需要她的时候，她却总是腻在她男朋友身边，根本都不理我！"

听了小青的感慨，我也有点为她感到不值，"你真的那么喜欢小容么？她身上到底有什么闪光点值得你在她面前逆来顺受的？"

小青听了我的疑问，认真地想了想，然后说道："谈不上喜欢，只是我一个人在外地念书，肯定想找个伴儿，也不至于太孤独不是？"

"想找个伴儿可以，但也不能太过于滥竽充数吧？"我停顿了一下，又继续说道："况且，你拿别人当知心朋友，别人未必也把你放在心尖尖上。"

"可是我们过去那么要好，我虽说不是特别欣赏她的为人，但我真的把她当作好朋友！"小青显然还是有点不甘心，不愿意相信曾经的好朋友现在会这么对待她！

"难道你还没有听过'我本将心向明月，奈何明月照沟渠'这句诗词吗？你和小容从一开始，就是为了互相取暖而走到一起。只要其中一人找到了其他的替代品，另一个注定就要落单。于她而言，你并不是她生命中特别在乎的人，你再重要也重要不过她在她自己心目中的分量！既然事情已经发生了，你就得接受现实，我们生命中的过客来来去去，也不止小容一个人，实在没必要过于苛求。"

小青闻言，抬起头，眼泪悬在眼眶里，倔强地始终不肯掉下来。我一时间，也不知道该如何去安慰她受伤的心灵，只能默默地陪在她身边。那个时候，我相信以小青豁达开朗的胸襟，一定能很快地走出这段友情的阴影，重拾往日的快乐和欢笑。

事实证明，我的判断是正确的。没过几天，小青经过深深的反省之后，终于放下了这段心事，再也不把自己宝贵的精力和时间"痴心错付"在小容身上了。她喜欢看书，每天都会和我一块去泡图书馆，她还喜欢英语，在她的感染下，我也成了一个美剧迷。每天晚上，我和她还会跑到学校的大操场上去散步，聊天谈心，说到动情处，两个人还会潸然泪下，执手相看泪眼。

毕业多年，我和小青始终保持着密切的联系，而小容早已出国留学去了。每次一提起我们俩之间这段惺惺相惜的友情，小青和我都感觉这是上天的恩赐，让我俩在众多过客中没有错过彼此，有幸相知至今。自此，小青再也不会被"过客"式的朋友困扰了，她学会了释然，也明白有些朋友只能是生命中的过客，无法苛求他们为自己停留驻足。

严于律己，宽与律人

德国哲学家莱布尼茨，是 17 世纪才气纵横的知识分子，他曾经给当时的国王讲解哲学问题。他对国王说："世界上没有两片完全相同的树叶。"国王不相信，连忙吩咐身旁的侍女们去御花园去找相同的两片树叶。

可是，侍女们在御花园里找来找去，最后发现树上的叶子乍一看好像都长得一模一样，但细细观察，其实形态各异。树叶的长短、厚薄、宽窄以及叶面上的纹路走向都各有区别，所以，她们根本找不到两片完全相同的树叶。

从这个故事中，我们可以看出，既然世界上都没有两片完全相同的树叶，那对于更为复杂的人类来说，自然也找不出两个完全相同的人来。然而，在生活中，我们却总是喜欢拿自己的标准来要求身边的朋友，苛求他们的言行举止、生活态度以及个人价值观等等与我们契合一致，无形中给朋友们造成很大的心理压力和困扰。

其实，每一个人都有自己的生活方式和做人准则，所谓的"标准"更是一个非常具有主观性质的词语，压根谈不上谁对谁错，孰是孰非。

没有谁的标准就是至高无上完美无缺的真理准则，任何人都有权利保持自己独有的个性特征和行为方式，只要不会给别人造成实质性的伤害，存在即是合理。

因此，总拿自己的标准去衡量和要求别人，其实是一种有欠考量极不成熟的做法。对别人的言行举止品头论足，动不动就上纲上线，不仅会给别人造成伤害，也会辱没了自己的修养和品性。

人与人来往，最好的相处方式莫过于"求同存异"。对朋友的要求千万不可过于苛刻，我们可以建议朋友怎么为人处事，却没有资格要求朋友按照我们自己设立的标准来生活。毕竟，萝卜白菜，各有所爱，多一点宽容，多一分理解，我们和朋友之间的情谊才能长长久久。

与阳光为伍，你身上也会留有热量

前几天，朋友汪静带着她的儿子来我家做客，我和老公热情地接待了他们。朋友的儿子杨阳今年 10 岁了，在一所重点小学读四年级，他的学习成绩在班上处于中等水平。

吃完饭后，我和汪静坐在沙发上聊天，杨阳则一个人在客厅里摆弄玩具。汪静瞅了一眼正玩得不亦乐乎的儿子，幽幽地叹了一口气，闷闷地说道："我这个儿子呀，真的是一点也不争气，读了几年书，学习成绩一点也不见起色！"

正在这时，客厅传来杨阳的欢声笑语，"耶！我把这个坦克拼成了！"我听了，用手指了指杨阳，笑着对汪静说道："你儿子很聪明，看起来动手能力非常不错哦！"

"他要是能把这点聪明劲也用点在学习上，我就阿弥陀佛，谢天谢地了！"汪静没好气地说道。

"他平时在学校都和什么小朋友来往得比较频繁呢？"我问道。

汪静低头想了想，说道："都是一些非常调皮爱玩的小孩子，每次放学，我去学校接他回家，总能看见他和那些小孩子走在一起。有什么问题吗？"

我刚想回答，杨阳就拿着自己拼凑的坦克跑到我和汪静的面前，给我们展示他的伟大作品。汪静眉头一皱，嘴巴微张，正准备说几句训斥的话，就被我及时地拉住了。我笑着对杨阳说："你真棒，这个坦克拼得非常完整呢！"

　　杨阳听了我的赞美，开心地笑了。随后，他又指着墙壁上挂着的一幅书法作品，歪着头，好奇地问道："阿姨，'近朱者赤，近墨者黑'这八个字是什么意思啊？"

　　我看了看汪静，又看了看杨阳，心中突然有了一个主意，何不借这个机会给孩子好好上一堂课呢？于是，我认真地对杨阳说："小杨阳，'朱'和'赤'都是指红色的东西，'墨'和'黑'呢，自然是指黑色的东西咯。这句话是形容环境对人的影响，换句话说呢，也就是跟着好人学好，跟着坏人会学坏。"

　　杨阳听了我的话后，好像还是有点不理解，我想了想，继续说道："打个比方，如果杨阳常和班上积极上进的小朋友来往，也会变成一个积极向上的好孩子。"

　　"那如果我和调皮捣蛋的小朋友一起玩，是不是就会变成一个不好好学习的坏孩子了？"杨阳天真地问道。

　　这时，在一旁认真听着我们对话的汪静，再也按捺不住地抢着说道："对啊，对啊！所以，你以后也要多和你们班上积极向上的同学交朋友，这样才能不断进步！知道吗？"

　　杨阳点点头，大声地说道："我知道啦！"听了他的话，我和汪静都笑了。

　　其实，"近朱者赤，近墨者黑"这句话不仅可以用来教育像杨阳这样的小孩子，对于我们成人而言，也是寓意深远且发人深省的至理名言。

　　众所周知，人是唯一能接受暗示的动物，人们常说："告诉我，你和什么人在一起，我就知道你是什么样的人。"这句话确实不无道理。就像雄鹰落在鸡窝里，成日与鸡为伍，迟早也会丧失翱翔天际的本领，因为家鸡的天性里本就不具备雄鹰的积极进取，长此以往，只会让落在鸡窝里的雄鹰也跟着堕落颓废，不思进取，平庸无为。

反之，一个人就算再懒惰散漫，一旦他进入了一个积极向上的圈子，经常和积极向上的人来往、交朋友，那么他也会被这些人身上积极向上的气息所感染，渐渐地努力勤奋起来。在这些积极向上的朋友们的带动下，一个人的内在潜能会像火山喷发一样，将得到最大限度的发挥。

和积极上进的人做朋友，能让我们从这些人身上获得积极向上的正能量，感染到从他们骨子里散发出来的达观抖擞的精神气息。以后，即便我们的生活中出现了风风雨雨，凭借着这种积极乐观的豁达心态，我们也一定能乘风破浪，安然度过人生的不如意之事。

现在，有一个名叫"向日葵族"的群体，正带着青春、积极、上进和乐观的气息在都市里破土而出，赢得了许多人的追捧和追随。依我看，每个人都有着"向阳"的一面，大家都向往和追求积极上进、乐观豁达的生活，这是人类的天性。但是，一个人的单打独斗往往都成不了什么景象气候，唯有争取和积极、上进的人做朋友，在一个积极向上的圈子里共同成长，我们才能不断进步，奋发向上，敢和日月争辉。

有时候，你不必执着于他人的错误

我觉得做人一定要求"真"，因为"真"往往都代表着真实、纯粹以及完美。

可是毕竟金无足赤，人无完人，一味地求真、求全责备，试图把一切都弄得清清楚楚，这真的能给我们带来人际交往的便利和快乐吗？

有一天，艾子到郊外出游，弟子通、执二人跟随着他。艾子感到非常渴，于是，他派执子到村舍去讨点水喝。这时，田舍中有个老者正坐在门外看书，执子见了，连忙上前行礼，并说明来意。老者看了看执子，指着书上的一个"真"字问道："你若认识这个字，我就给你喝的水。"

执子一看，心想，这不就是个"真"字吗？他随即顺口说道："这是'真'字。"

老者听了很生气，不给他喝的水。执子没办法，只好回去把这件事告诉了艾子。艾子叹了一口气说道："执不懂变通，还是通去讨水喝吧！"

通子见了老者，老者又照之前的那样问他，通子答道："这是'直''八'两个字。"

老者听了很高兴，就把家里酿造的最好的水浆拿出来给了他。

艾子喝了通子拿回来的水后，觉得很可口，夸赞道："通真是聪明！如果还像执那样'认真'，恐怕一勺水我也喝不上！"

这个故事非常有意思，它告诉我们做人千万不能像执子那样过于"认真"，一定要懂的变通，这样才能像通子那样成功地讨得解渴的水浆。

其实，通子的变通与清代书画家郑板桥"难得糊涂"的人生哲学有着异曲同工之妙。

在郑板桥看来，"聪明难，糊涂亦难，由聪明转入糊涂更难。放一着，退一步，当下心安，非图后来福报也。"一个人若是懂得适时得揣着明白装糊涂，一定能在纷繁的人际关系中游刃自如，让生活更加轻松愉快，也让身边的人时有欢声笑语。反之，假如我们凡事都太过于较真，总带着挑剔的眼光去看待别人，容不得他人有半点瑕疵，那么我们迟早会众叛亲离，不得人心。

古语有云："水至清则无鱼，人至察则无徒。"这句话的意思是，鱼儿没有办法在太清澈的水泽里生存，而一个人若是对他人要求过于苛刻严厉，遇事过于较真死板，也是不会拥有朋友和好人缘的。因此，我们与人交往，应当有一种"厚德载物，雅量容人"的胸襟，待人处事不要苛求完美。有时候装装糊涂，凡事不要表现得那么聪明较真，反而能给我们的生活带来许多便利。

相信很多人都有过这样的感觉：我们早上起床后，总是蹑手蹑脚，说话轻声细气，生怕吵醒了别人；跟朋友出去吃饭，我们总是最早吃完，然后抢着去买单，害怕别人误会我们是故意拖延不想付账；在公共场合，我们不会随地吐痰，也不会乱扔纸屑……

然而，当我们生活在自己设定的生活准则里，总是以一副小心翼翼，谨慎敏感的面貌出现时，我们也会在潜意识里要求朋友和我们一样尽善尽美。在人际交往中,我们会不自觉地拿出高标准、高素质和高觉悟这三把标准大尺衡量朋友,一旦有不符合之处,我们的内心就会自动生出愤懑不满的情绪,这不仅让身边的朋友感觉如履薄冰战战兢兢,也把我们自己困在了一座孤独的城堡里,只会孤芳自赏,成天顾影自怜。

记得有一次,我儿子放学回家后,一进卧室,就随手把自己的书包扔在地上,书包里的书本散落了一地。我下班回到家里,推开儿子的卧室,就看到这满地的狼藉,顿时,一股无名火就开始"噼里啪啦"地在我的心里烧起来,我眉头紧蹙,大声地呵斥道:"小天,你这是在干什么?快点把地上的书捡起来!"

正在专心做作业的儿子被我吓了一跳,连忙回头看了我一眼。我用眼神再次示意他把地上的书捡起来放好,可是儿子却全然不顾我的要求,还语出惊人地说道:"妈,麻烦你下次注意一点好吗?我正在写作业勒,你这样突然一喊,会让我分神的!而且,我喜欢这样把书丢在地上,做完作业之后,我自己会把它们收拾好的,你根本不用操心!"

"你还敢振振有词?把房间搞得这么乱,让人看着多难受啊!快点收拾好!"我神色不耐烦地命令道。

没想到,儿子对我的话还是置若罔闻,屁股都没挪一下,仍旧嬉皮笑脸地对我说道:"你以前不是说家里要民主么?我有权力决定自己的学习方式,你要是看着难受,可以先别进来嘛!"

末了,他还加了一句,"你不喜欢梨子的味道,难道还不许别人也尝一口了?"

儿子的最后一句话果然让我心平气和下来,我认真想了想,随后立马走出了他的卧室，决定不再干涉他的私人空间了。

　　直到现在，我仍旧感激儿子无意中给我上的这堂课，他让我明白，我不喜欢梨子的味道，绝对不能成为不许别人吃梨的霸道理由。与朋友相处，我们有时候不妨睁一只眼闭一只眼，人至察则无友，做人就要糊涂一点，宽容一点，不要锱铢必较，挑过指瑕。要知道，给朋友创造一个宽松自在的人际环境，其实也是在为自己博得好人缘。

保持适当的距离：朋友之间可以更纯粹

我们常用"亲密无间"这个词来形容自己和朋友、家人以及伴侣之间的关系，在人们的眼里，这个词通常都散发着褒义的色彩。因为，按常理来讲，两个人都亲密无间了，彼此之间的感情理所当然会特别深厚。

可是，现实却往往反其道而行之。我们经常有这样的体验和经历：一旦和某个朋友的关系变得越来越亲密，两个人反而会越容易发生冲突和争执，各自的缺点都会被对方放到放大镜下去观察、审视和评判。

不仅如此，再好的朋友毕竟也不是我们的亲人和伴侣，倘若两个人的关系过于亲密，彼此的透明度都被设置成百分之百，那么最后总会给我们造成或大或小的伤害。

上大学的时候，我们班有两个男同学一个叫姜平，一个叫李辉，他们俩同住一个宿舍，关系非常要好。毕业后，两个人又在同一个城市合租了一个两室一厅的房子，李辉后来还谈了一个女朋友，经常把她带回家来吃饭。

姜平是一个有点洁癖的男人，平时总是把自己的房间收拾得干干净净，有条有理。而李辉呢，为人不拘小节，生活态度非常随性。很多时候，李辉总是不顾姜平的抗议，总是随意闯进他的房间，这翻翻，那看看，就那么一会的工夫，总能把姜平的房间整得一团糟。

为此，姜平感到非常苦恼，可他又觉得李辉是他亲密的好哥们，因此一直单方面忍耐着李辉带给他的困扰。而李辉呢，仍旧是大大咧咧，粗线条的他根本没有意识到自己给朋友姜平带来多大的苦闷，总觉得姜平是他的好兄弟，姜平的房间就跟自己的家一样，干什么都行。

有一次，姜平的妹妹考上了一所重点大学，但是学费还差了一点，接到妈妈打来的电话后，姜平急急忙忙赶回家里，准备取钱给妹妹汇过去。没想到，他一打开书桌的抽屉，才发现自己前几天放在里面的5000块钱居然不翼而飞了。

这一下子，姜平慌了，他急得就像热锅上的蚂蚁，在房间里走来走去，思量着家里是不是进贼了，不然自己的钱怎么会突然就不见了呢？他连忙敲了敲隔壁李辉卧室的门，等李辉一开门，他就火急火燎地问道："我放在抽屉里的5000块钱不见了，咱们家是不是来贼了啊？"

李辉一听，差点笑出声来，他摸了摸自己的后脑勺，漫不经心地说道："来什么贼啊？今天我女朋友过生日，我卡里没多少钱，所以就先把你那5000块拿走了，给她买了一套名牌的衣服裤子，还有一根金项链，现在口袋里只剩下几百块了。"

姜平顿时火冒三丈，新仇旧恨一起上来，朝李辉吼道："你平时把我的房间搞得乱七八糟也就算了，这次竟然没有经过我的同意，就把我的钱拿走了，你这行为跟小偷有什么区别？"

没想到好朋友姜平会为这5000块钱朝他发火，李辉感到有点不可思议，于是，两个人在房间里大吵了一架，关系彻底闹僵了。不久，李辉就搬去和自己的女朋友住了，他和姜平从此绝交断了联系。

许多年后，姜平在我面前提起他和李辉的这点旧事，情绪依旧还是有点激动，他总觉得当年李辉实在是不懂得尊重朋友。

在我看来，这段友情的破裂，姜平和李辉两个人都要承担一定的责任。无论他们两个人的关系有多么亲密要好，都需要保持适当的距离，毕竟双方都是相互独立的个体，拥有自己的私人生活，容不得旁人插足干涉。姜平错在不及时将自己的困扰说出来，以致日后他与李辉因那5000块而矛盾升级；而李辉错在逾越了朋友之间的那个度，对待朋友太过随便，把朋友的私人空间和私人财物看作是自家的东西，没有进行区别对待，从而导致姜平对他的不满情绪进一步加剧，造成两人几年友情的破裂。

其实，姜平和李辉之间关系的变化可以用心理学上的刺猬法则来解释。

在寒冷的冬天，两只疲倦的刺猬为取暖而互相拥抱在一起。可是，由于它们各自的身上都长满了尖刺，所以彼此紧挨在一块的时候，总是会在不经意间刺痛对方，结果睡得一点也不舒服。于是，两只刺猬拉开了彼此的距离，可是这样又实在冷得难以忍受，没过多久，它们俩又重新抱成了一团。就这样折腾了好几次，最后，它们终于找到了一个比较合适的距离，彼此既能够相互取暖，又不会被各自身上的尖刺扎到。

由此可见，朋友之间一定不能亲密"无间"，保持一定的距离才是让友谊天长地久的王道。与朋友来往，我们一定要学会尊重对方，不要毫无顾忌地去侵犯他人的隐私，给别人留一点可以转身的私人空间。充分地运用距离效应，把握好交往时彼此的空间距离和心理距离，让双方随时随地都能透透气，相处更加轻松和愉快。

不要过分依赖人情

　　在家靠父母，出门靠朋友。从一个"靠"字，我们就能看出，一个人在世界上是无法完全独立生存的。在社会这个大江湖中摸爬滚打，我们总会遇到一些大大小小的麻烦事，自个儿解决不了的，情急之下，人人都会想到要找自己的朋友帮忙。

　　朋友就是广袤无垠的沙漠上的一小块绿洲，朋友还是茫茫夜色里的一盏明灯，朋友更是冰天雪地里给我们提供温暖的一堆篝火。可是，尽管朋友给我们的生活提供了许许多多的便利，但他们绝对不是一张永不透支的信用卡，因此，人情存款有上限，刷卡还需谨慎再三。

　　王娟是一家医院的妇产科医生，为了让自己的儿子能进本市的一所重点中学念书，她和老公到大商场买了一大堆礼物，准备送给在这所重点中学担任领导的朋友。结果，这位朋友虽然婉拒了她和她老公买的礼品，但仍旧热情地帮她解决了她家儿子上学的问题。

　　为此，王娟非常感激朋友的热心帮忙。于是，她和老公经常打电话过去问候这位朋友，每逢节假日，他俩有时还会亲自登门拜访。

　　没过多久，这件事情就发生了戏剧性的变化。在接下来的一年中，王娟的这位朋友便三五不时地来医院找她，每次还都带着自己的亲戚或是朋友。刚开始，王娟还真是有求必应，可久而久之，她发现这位朋友找自己帮忙的次数不仅越来越频繁，每次提的要求更是越来越过分。比如，有时候，他要么让王娟帮忙给他亲戚肚子里的婴儿做一个性别鉴定，要么给他朋友的高价病房算个低价。

这一下子，王娟由衷觉得这个人情债真是一个无底洞，再这样下去，自己未必能负荷得了朋友的"频频讨债"。于是，她和老公商量后，决定想办法疏远这位"食不餍足"的朋友，以后，她能帮的尽力去帮忙，不能帮的也会礼貌诚恳地说出来。最后，这位朋友在王娟医院碰了几次壁后，也就灰溜溜地回去了，两个人的联系最终也变得越来越少。

其实，人情就像储存在银行里的存款，我们存储的越多，时间越长，最后拿到手的利息也会越丰厚。反之，存储得越少，最后可以取出来拿来用的也就越少。王娟这位朋友的做法就是典型的透支人情，他动用人情存款的次数过于频繁，以至于过早地消耗完自己在王娟身上储存的人情存款。没想到"情到用时方恨少"，人情存款一旦透支，他频繁的求助只会让王娟不胜其烦，无力负荷，日后甚至对他避之唯恐不及。

因此，我们在动用人情时，一定要事先做好估算，让自己心里始终有个数。动用人情的次数一定要控制在最少的范围，千万别以为自己曾经给对方帮了一个大忙，有恩于人，对方就得"滴水之恩，当涌泉相报"。倘若我们动辄就以人情自居，失去了分寸，三番五次地找别人帮忙，时间久了，再好的朋友关系也会由浓转淡，再大的人情存款也会因为我们过多的"讨债"行为而透支。

很多人在日常生活中，或许都做到了我所说的尽可能少地动用人情，以免透支人情，但还是会出现一些其他的问题。比如，有些人急于在一笔人情账中得到回报，所以就时不时地把自己给予他人的一点小恩小惠挂在嘴边，生怕对方一个不小心给忘记了。在我看来，这种行为其实非常的愚蠢，纵然日后得到了对方的回馈，也不会落得一个"大方"的好名声。有时候，不但没有增加自己人情账户里的存款，甚至还会引起别人的反感，丢掉了做人的面子。

由此可见，当我们在动用人情存款时，一定要掌握好应有的分寸，合理地使用，保证收支的基本平衡，才不会出现赤字和透支的窘境。

就我个人而言，在动用人情存款前，我会先掂量一下自己和对方的情分，倘若彼此情深似海，才有胆量麻烦对方为我"雪中送炭"。然后，我会把这些人情存款用在刀刃上，那些自己能解决的小事绝不轻易假手于人。同时，在别人帮了我的大忙后，我不会将其视为理所当然，事后一定会给予对方适度的回馈，及时还掉这个人情。

毕竟，人情确实是用一次少一次。所以，我们最好还是自力更生，自食其力，少去麻烦别人。即便真到了需要别人伸出援手的份上，也一定要记得把握分寸，万万不可透支人情，最终沦为朋友眼里最不受欢迎的人！